# THE TYPHOON STORM SURGE DISASTERS IN ZHEJIANG

# 浙江台风风暴潮灾害
# （1949—2020）

李尚鲁　曾　剑　朱　业　丁　骏　等◎著

海洋出版社

2021年·北京

**图书在版编目 (CIP) 数据**

浙江台风风暴潮灾害：1949—2020 / 李尚鲁等著.
—北京：海洋出版社, 2021.9
ISBN 978-7-5210-0822-7

Ⅰ. ①浙… Ⅱ. ①李… Ⅲ. ①台风灾害－史料－汇编
－浙江－1949-2020②风暴潮－自然灾害－史料－汇编－
浙江－1949-2020 Ⅳ. ①P425.6②P731.23

中国版本图书馆CIP数据核字(2021)第194351号

地图审核号：浙S〔2021〕43号

浙江台风风暴潮灾害（1949—2020）
ZHEJIANG TAIFENG FENGBAOCHAO ZAIHAI (1949—2020)

责任编辑：林峰竹
责任印制：赵麟苏

海洋出版社 出版发行
http://www.oceanpress.com.cn
北京市海淀区大慧寺路 8 号　　邮编：100081
中煤（北京）印务有限公司印刷　　新华书店北京发行所经销
2021年9月第1版　　2021年9月第1次印刷
开本：889 mm × 1194 mm　1 / 16　印张：18
字数：468千字　定价：238.00元
发行部：010-62100090　　邮购部：010-62100072　　总编室：010-62100034
海洋版图书印、装错误可随时退换

# 《浙江台风风暴潮灾害（1949—2020）》
## 撰写人员名单

李尚鲁　曾　剑　朱　业　丁　骏

车助镁　陈甫源　王　勤　郭　敬

金　新　李　婷　韩　宇　李　君

薛辉利　严　俊　姚雅倩　张楠楠

# 序

浙江省地处东南沿海、长江三角洲南翼，是我国经济最活跃、最发达的省份之一。然而，浙江自古多受台风风暴潮的侵袭，是我国沿海遭受台风风暴潮灾害最频繁、最严重的地区之一。明代徐贞明在《潞水客谈》中阐述："东南濒海，岁多潮患，盖海之势，趋于东南"。

千百年来，勤奋坚忍的浙江人民用智慧和汗水与风暴潮做着不懈的斗争，为约束江水海潮，在史前就筑有古海塘，现存最早的记述，春秋时有范蠡围田筑堤，汉代有华信筑钱塘，正史中记载古海塘则始于唐代。改革开放前，由于长期投入不足，沿海海塘标准普遍较低。1997年11号超强台风过后，浙江做出了"建千里海塘、保千万生灵"的重大决策，在20世纪末至21世纪初，相继实施了"千里标准海塘""千里标准江堤""标准渔港""强塘固房"等重大工程，极大地提升了沿海海塘、江堤、渔港等基础设施的防台御潮能力。

风暴潮作为海洋灾害中复杂的近海动力过程，致灾因子不仅涉及风暴潮，还包括天文潮、近岸浪以及三者之间的耦合作用。风暴潮预警报是减轻灾害的重要和必要环节。浙江省是开展海洋灾害观测及预警发布较早的省份，最早的验潮历史可以追溯到1929年民国时期建立的坎门站，20世纪90年代开始发布浙江沿海风暴潮预警。2001年，浙江省海洋监测预报中心挂牌成立并正式对外发布风暴潮预警，担负起浙江省风暴潮观测预警的职责，致力于风暴潮的生成、发展和致灾机制的研究，不断提高风暴潮灾害预警水平。至今，浙江省已建成了拥有139个海洋观测站点的"覆盖近海、延伸外海"的海洋观监测网、省-市-县三级海洋预报体系，在应对0216"森拉克"、0414"云娜"、0509"麦莎"、0608"桑美"、1323"菲特"、1808"玛利亚"和1909"利奇马"等重大风暴潮灾害中发挥了中流砥柱的作用。浙江省在全国率先开展并完成全省沿海县海洋灾害隐患排查、海洋灾害风险评估和风暴潮灾害重点防御区划定工作，初步建立了海洋灾害风险闭环管控机制，相关工作走在全国前列。

本书基于长期风暴潮观测预警减灾工作中积累的丰富资料，全面收集、详细分析了中华人民共和国成立以来对浙江沿海产生重要影响的风暴潮案例，图文并茂，阐述了台风风暴潮时间特征和空间分布特征，并根据潮位超警情况对台风风暴潮灾害进行了史料分类，同时介绍了浙江风暴潮灾害防御体系建设情况。本书为读者了解浙江沿海风暴潮特征并开展相关研究提供了宝贵的数据资料，为提高风暴潮预警综合研判水平、发展风暴潮灾害预报技术和开展风暴潮风险评估等工作提供了科学参考依据。

于福江

2021年8月

# 前言

　　风暴潮是由热带气旋、温带天气系统、海上飑线等风暴过境所伴随的强风和气压骤变而引起的局部海面振荡或非周期性异常升高（降低）现象，是我国沿海地区常见的海洋灾害。中国历史文献中称为海溢、海啸、海侵、大海潮等。按照引起风暴潮的大气扰动的特征，我国风暴潮大体可分为台风风暴潮和温带风暴潮两大类。台风风暴潮多发生在夏秋季节，其特点是：来势猛、速度快、强度大、破坏力强。

　　浙江省为我国沿海风暴潮灾害最严重的区域之一，又以台风风暴潮为主。历史上曾多次出现过特大台风风暴潮灾害，对浙江省的社会经济产生重大影响。据统计，1949—2020年71年间发生较明显的台风风暴潮过程139次，年平均2次，因灾死亡累计11 584人；1949—2020年共有46个台风登陆浙江，平均1.5年就有一个台风在浙江登陆，登陆浙江的台风往往会造成严重风暴潮灾害。这些台风风暴潮引起沿岸增水和高潮位，导致海水漫溢堤坝、淹没沿海陆地，对浙江沿海地区生命财产造成严重威胁，经济损失巨大。1949年以来，登陆我国的超强台风5612号、0608号、1909号，强台风9417号、9711号、0216号、0414号等都在浙江省引发了特大风暴潮灾害，屡次刷新沿海潮位站历史最高潮位和最大增水记录。根据风暴潮灾后现场调查，单次登陆型强台风引发的风暴潮往往会导致海水漫过堤坝、海水入侵，使堤坝受损甚至崩溃，从而引发海水入侵内陆数千米甚至数十千米，城市内涝，良田被淹，人员伤亡等灾害，极端情况下，经济损失可超过百亿。准确模拟和评估台风风暴潮，特别是了解正面登陆台风影响下整个浙江沿海地区的风暴潮增水和高潮位分布规律，并准确评估每次台风风暴潮灾害的风险，不断提高台风风暴潮预报精度和预报的稳定度，对各级政府和有关部门做好风暴潮灾害防御与应对工作，减少台风风暴潮灾害损失有非常重要的意义。

本书收集整理了1949—2020年影响浙江沿海的139个台风风暴潮过程的数据资料，为全面反映浙江台风风暴潮特征及其造成的影响，本书分3章开展相关内容的辨析。第1章为"台风风暴潮灾害概述"，阐述了台风风暴潮概念、浙江省的海洋环境、历史上特大风暴潮灾害及浙江省防御体系；第2章为"浙江台风风暴潮时空特征"，阐述了风暴潮灾害评价指标、典型台风的选取、台风风暴潮时间特征及空间特征；第3章为"浙江台风风暴潮过程"，阐述了139个台风的具体情况。

　　由于时间紧，数据量大，作者水平有限，在资料整编和分析过程中，错误和疏漏之处在所难免，希望广大读者批评指正。

　　本书得到了国家自然科学基金面上项目"台风暴潮对钱塘江涌潮的影响和作用机理（51779228）"资助，在此表示感谢。

作者
2021年6月

# 目录

# 第1章

## 台风风暴潮
## 灾害概述

# 浙江台风风暴潮灾害

（1949—2020）

## 1.1 风暴潮与潮灾

风暴潮是海上由于热带气旋、温带天气系统、海上飑线等风暴过境所伴随的强风和气压骤变而引起的局部海面振荡或非周期性异常升高（降低）现象。实测潮位过程与相应天文潮过程的差值即为风暴潮过程，也称为"增水过程"。

风暴潮根据风暴的性质，通常分为由温带天气系统引起的温带风暴潮和由台风引起的台风风暴潮两大类。温带风暴潮，多发生于春秋季节，夏季也时有发生。其特点是：增水过程比较平缓，增水高度低于台风风暴潮。主要发生在中纬度沿海地区，以欧洲北海沿岸、美国东海岸以及我国北方海区沿岸为多。台风风暴潮，多见于夏秋季节。其特点是：来势猛、速度快、强度大、破坏力强。凡是有台风影响的海洋国家、沿海地区均有台风风暴潮发生。

远在欧洲北段毗邻大西洋北海的低洼之地——荷兰，有着丰富的同风暴潮灾害斗争的经验。其大部分土地在平均海平面下 $3 \sim 4$ m，每一次大风暴潮都会永久改变荷兰版图，尤其是1953年1月底的风暴潮灾，破坏了很多防潮大堤，陆地被淹 2 500 km²，近 2 000 人死亡，60万人背井离乡。

日本同样是受风暴潮灾影响严重的国家。1959年9月26日，日本伊势湾顶的名古屋一带地区，遭受了日本历史上最严重的风暴潮灾害。最大风暴增水曾达3.45 m，最高潮位达5.81 m。当时，伊势湾一带沿岸水位猛增，风暴潮激起千层浪，汹涌地扑向堤岸，防潮海堤短时间内即被冲毁。这次风暴潮灾害造成5 180人死亡，伤亡合计7万余人，受灾人口达150万，直接经济损失852亿日元（1959年价）。

美国也是一个频繁遭受风暴潮袭击的国家。1969年登陆美国墨西哥湾沿岸的"卡米尔"飓风曾引起了7.5 m的风暴潮，这是迄今为止世界第一位的风暴潮记录。1972年席卷墨西哥湾沿岸及大西洋沿岸的"艾金斯"飓风，由于防范不严，经济损失达31亿美元，超过了50年（1900—1950年）间全部飓风造成损失的总和。

孟加拉湾沿岸是全球最易遭受强风暴潮危害的区域。1970年11月13日发生了一次震惊世界的台风风暴潮灾害，这次风暴增水超过6 m的风暴潮夺去了恒河三角洲一带30万人的生命，溺死牲畜50万头，使100多万人无家可归。1991年4月的又一次特大风暴潮，在有了热带气旋及风暴潮警报的情况下，仍然夺去了13万人的生命。

中国历史上，由于风暴潮灾造成的生命财产损失触目惊心。1782年清代的一次强温带风暴潮，曾使山东无棣至潍县等7个县受害。1895年4月28—29日，渤海湾发生风暴潮，毁掉了大沽口几乎全部建筑物，整个地区变成一片"泽国"，"海防各营死者2 000余人"。1922年8月2日一次强台风风暴潮袭击了汕头地区，8级以上大风持续长达36小时，12级大风持续24小时，产生特大风暴潮，海水陡涨3.6 m，沿海150 km海堤溃决无数，海水倒灌，汕头城平均水深3 m，沿海村镇一片汪洋。据考证，此次风暴潮灾害造成7万余人丧生，更多的人无家可归流离失所，是20世纪以来我国死亡人数最多的一次风暴潮灾害。

## 1.2 浙江海洋环境

### 1.2.1 地理位置

浙江省地处中国东南沿海、长江三角洲南翼。东临东海，南接福建，西衔江西、安徽，北邻上海、江苏。地跨北纬27°02′—31°11′，东经118°01′—123°10′，东西和南北的直线距离均为450 km左右，陆域面积10.36×10⁴ km²，为全国的1.06%。

浙江省地势由西南向东北倾斜，岸线曲折，港湾和岛屿众多，海岸线漫长，沿海平原地区地势低平，沿岸地面大多低于高潮位。每年7—10月为台风期，潮差大，台风影响时往往出现最大风速和最大波高，沿海潮位常在台风侵袭时出现特高潮位，台风浪和风暴潮并作。滨海区域大多地势低平受潮（浪）水侵袭，钱塘江及沿海各条河流河口皆受潮水顶托。浙江所处的特殊地理环境条件导致台风侵袭频繁，台风风暴潮灾害居全国前列。

## 1.2.2 地形地貌

浙江省地处长江三角洲南翼，大陆海岸线曲折，北起平湖金丝娘桥，南至苍南县虎头鼻，分布着杭州湾、象山港、三门湾、浦坝港、乐清湾等许多海湾。杭州湾两岸地区以海相堆积地貌为特征，构成了地势平坦开阔的北部浙北平原和南部宁绍平原区，杭州湾两岸均为淤泥质海岸。侵蚀剥蚀丘陵地貌，零星分布在海宁、海盐和平湖沿海。浙东、浙南沿海地区主要发育侵蚀剥蚀丘陵地貌，由中生代早白垩世火山碎屑岩类和燕山期侵入岩组成。堆积地貌主要分布在温岭—黄岩滨海平原、温州—瑞安—平阳滨海平原和宁波滨海平原，以及沿海基岩港湾平原区。平原区地势平坦开阔，以海相堆积为主，分布面积大。浙江海岛地貌形态主要受构造线控制，舟山本岛及朱家尖、桃花岛、虾峙岛、六横岛，明显受北西向和北东向断裂影响，呈现北西向展布的格局；北部岱山列岛、大衢山列岛和嵊泗列岛明显受近东西向和北东向断裂影响，呈现近东西向展布；而中南部玉环岛、洞头岛、南麂列岛及其他岛屿主要受北东向和北西向断裂影响。断裂切割成断块式隆升与沉降的地貌单元，形成了断块隆升山地与沉降平原格局。根据海底地形变化及等深线分布特征，浙江近海及邻近海域划分为4个大的地形分区：杭州湾地形区、舟山群岛地形区、浙江近岸斜坡地形区和浙江毗邻陆架沙脊地形区。

## 1.2.3 气候与气象

浙江省沿海处于欧亚大陆与西北太平洋的过渡地带，该地带属典型的亚热带季风气候区，总的特点是：季风显著，四季分明，年气温适中，光照较多，雨量丰沛，空气湿润，气候资源配置多样。浙江省年平均气温为15.6～18.3℃，自北向南逐步递增。其中17℃等温线横贯浙江中部。年平均气温最低在浙北的湖州、嘉兴地区，年平均气温最高在浙江中部和浙江南部地区。浙江省沿岸区域的降水分布具有明显的季节特征：3—9月降水量较多，10月至翌年2月降水量相对较少。降水量常年为900～1 700 mm，其中浙中、浙南沿岸是高值区，可达1 500～1 700 mm；海岛和杭州湾北岸较少，为900～1 200 mm。沿海地区是全省高暴雨区，实测24小时最大雨量在400～500 mm。浙江省1971—2000年累年（2分钟）平均风速2.6 m/s。平均风速由近海—沿海—内陆递减，近海地区平均风速一般在5.0 m/s以上，离大陆较远的海岛地区平均风速可达7.0 m/s。

## 1.2.4 岸线

按照独立生态系统资源理论，地球被划分为海域、陆域两大生态系统，海岸线是地球上划分海域与陆域这两种最大生态系统的一条自然地理界线，是纯自然的环境空间界线，它不仅确定了陆域、海域国土资源的空间划分，还是确定陆域、海洋自然资源的基本依据，涉及军事、外交以及国土资源管理等多个领域。

在我国，海岸线被定义为平均大潮高潮线，这就使得海洋空间包含了潮间带（俗称"滩涂"，即一天中有一半时间的水浸地带），而海岛属陆域，是海域中的陆域（被海域包围的陆域，俗称"小陆"，常被纳入泛海洋的范畴）。

海岸线分类按地质学科统一分为人工、自然两大类。其中，自然岸线还可细分为基岩、砂砾质、粉砂淤泥质、珊瑚（礁）岸线。

具有海岸线的城市为沿海城市。浙江省由国务院确定的沿海城市为舟山、嘉兴、杭州、绍兴、宁波、台州、温州7市。

浙江省大陆海岸线，北起平湖市金山石化总厂厂区、南至苍南县虎头鼻，全长2 217.96 km。按照地市级行政区划来看，宁波市海岸线总长815.75 km，居浙江省沿海各市之首，占浙江省大陆海岸线36.8%；台州市和温州市海岸线长度分别为740.26 km和503.98 km，分列第二、第三位，占全省比例为33.4%和22.7%；嘉兴市海岸线总长108.48 km，占全省比例为4.9%；绍兴市和杭州市的海岸线长度分别为32.9 km和16.59 km，占全省比例为1.5%和0.7%。按照岸线类型（自然岸线、人工岸线）划分来看，人工岸线长1 427.33 km，占64.4%；基岩岸线长746.62 km，占33.7%；砂砾质岸线长25.61 km，占1.2%；河口岸线长18.4 km，不足1%；粉砂淤泥质自然岸线已几乎消失。

浙江省海岛岸线总长4 496.706 km。按照地市级行政区划来看，舟山市海岛岸线最长，为2 388.25 km，占全省海岛岸线总长度的53%以上；宁波市次之；嘉兴市海岛岸线最短。按照县（市、区）级行政区划来看，普陀区海岛岸线最长，为828.6 km；岱山县次之。按照岸线类型（自然岸线、人工岸线）划分来看，全省海岛岸线以基岩岸线为主，占岸线总长度的78%；人工岸线次之，占20%；砂砾质岸线长度为72.76 km，占总长度的2%；粉砂淤泥质自然岸线已几乎消失。

## 1.2.5　潮汐

浙江省沿海潮波为协振潮波。外海潮波进入浙江省沿海的潮波由东南向西北挺进，保持前进波的特性。在三门湾口附近波峰线西突，高潮首先在三门湾口附近出现。浙江省沿海的潮波主要分为两支：一支维持东南—西北向前进波，进入浙江省北部与杭州湾，直至长江口和苏南沿海；另一支在地形作用下逐渐转向东北—西南，伸向福建沿海，最后进入台湾海峡。浙江省沿海的潮汐分为正规半日潮（即每个太阴日有两次高潮和低潮，且相邻高低潮的潮高几乎相等）和不正规半日潮（即每个太阴日中有两次高潮和两次低潮，但相邻高（低）潮的潮高不等）两种类型。杭州湾以海黄山至大洋山一线为界，西北水域属半日潮，东南水域属不正规半日潮。浙东海域为正规半日潮。甬江口两侧、宁波深水港西区和舟山本岛西北部海域的潮汐类型属非正规半日潮混合潮海区。

## 1.2.6　入海河流

浙江省多年平均水资源总量为$955.41 \times 10^8 \text{ m}^3$，按单位面积计算居全国第4位。丰沛的水量，多山的地貌，形成了众多的河流。境内自北向南有苕溪（属太湖流域）、运河（属太湖流域）、钱塘江（含曹娥江）、甬江、椒江、瓯江、飞云江、鳌江等九大水系，以及众多的独流入海和注入邻省的小河流。浙江省主要入海河流特征值见表1.1。

表1.1 浙江省主要入海河流特征值

| 水系 | 流域面积 /km² | 长度 /km | 入海径流量 /×10⁹ m³ | 入海泥沙通量 /×10⁴ t | 河口位置 |
|---|---|---|---|---|---|
| 钱塘江 | 41 700① | 428① | 373.0① | 658.7① | 杭州闸口 |
| 曹娥江 | 6 046① | 192① | 42.8① | 128.7① | 绍兴曹娥江大闸 |
| 甬江 | 4 294① | 121① | 28.6① | 35.9① | 镇海游山 |
| 椒江 | 6 603 | 209 | 64.5 | 123.4① | 椒江松浦闸 |
| 瓯江 | 17 859 | 388 | 186.9 | 275.0 | 温州龙湾 |
| 飞云江 | 3 713 | 199 | 43.4 | 35.8 | 瑞安上望 |
| 鳌江 | 1 522 | 92 | 18.1 | 7.1 | 平阳新美洲 |
| 合计 | 81 735 | — | 757.3 | 1 264.6 | |

注：浙江省908专项海岸带调查以海盐观潮处为钱塘江界线，故单列曹娥江为独立入海水系，这与1980年代全国海岸带和滩涂资源调查相一致。

①表示数据来自《浙江省海岸线和海涂资源综合调查报告》，其余数据引自《浙江省江河志丛书》。

## 1.2.7 水下地形

浙江近岸至60 m水深区域，等深线呈平行排列，大致平行海岸线走向。0～40 m之间，等深线由疏渐密，尤其在10～60 m之间，较为不明显，这一坡折线大致北起在舟山群岛南部，南至海坛岛外。在20～40 m等深线之间，海底地势整体向东南方向倾斜，除闽江口外（马祖列岛和白犬列岛周边海域）及海坛岛外等海岛分布区外，地形均匀下降，平均坡度为1°，等深线平直，呈NE—SW方向均匀分布。这一特征与40 m至50 m或60 m之间略有不同，后者等深线摆动相对较大。水深大于40 m以外海域，海底地形变得相对平坦，海底平均坡度0°～6°，为传统上的内陆架平原区；等深线较稀疏，呈NE—SW走向均匀分布，地势上整体由NW向SE方向慢慢倾斜。

# 1.3 浙江历史特大风暴潮灾害

古代风暴潮记录多为夏秋季节，常称为"海啸""海溢""海潮"等等。浙江省内首例风暴潮记录见乾隆《绍兴府志》卷80所载三国魏太和二年（公元228年）"大风海溢"。

据不完全史料统计，三国期间记录风暴潮灾害3起，晋朝记录风暴潮灾害4起，唐代记录风暴潮灾害12起，梁代记录风暴潮灾害1起，宋代记录风暴潮灾害54起，元代记录风暴潮灾害40起，明代记录风暴潮灾害68起，清代记录风暴潮灾害36起，民国期间记录风暴潮灾害3起。

古代由于人们对于风暴潮灾害认识不够，加上防护不力等原因，每次台风来袭，都会造成大量的人员伤亡和财产损失。据史料的不完全记载，浙江历史上至少有17次遭受台风灾害一次死亡人数达万人以上。

（1）嘉庆《太平县志》卷2记载：宋庆历五年（公元1045年）夏海溢，杀人万余。

（2）《浙江通志》卷63记载：宋隆兴二年（公元1164年）八月，温州大风海溢，死者二万余人，皆骸七千余人。

（3）《宋史·五行志》记载：宋乾道二年（公元1166年）八月丁亥，温州大风，海溢，漂民庐、盐场、龙朔寺，覆舟溺死二万余人，江滨皆骸尚七千余。

（4）光绪《台州府志》记载：宋绍定二年（公元1229年）丁卯，天台、仙居水自西来，海自南溢，俱会于城下，防者不戒，袭朝天门，大翻括苍门城以入，杂决崇和门，侧城而去，平地高丈有七尺，死人民逾两万，凡物之蔽江塞港入于海者三日。

（5）弘治《温州府志》卷17记载：元至正十七年（公元1357年）六月三十日，飓风挟雨，海潮涨溢，死者万数。

（6）光绪《平湖县志》卷25记载：明天顺二年（公元1458年）秋海溢，溺死男女万余人。

（7）康熙《嘉兴府志》卷2记载：明天顺三年（公元1459年）海溢，溺死男女万余人。

（8）光绪《嘉兴府志》卷35记载：明成化三年（公元1467年）海溢，溺万人。

（9）乾隆《江南通志》记载：明正德二年（公元1507年）山阴飓风大作，海水涨溢，顷刻高数丈许，并海居民漂没，男女枕藉，毙者以万计，苗穗淹溺。

（10）光绪《上虞县志》卷38记载：正德七年（1512年）七月十七日夜，浙江上虞飓风大作，海潮泛溢，男女漂溺死者亦以万计。

（11）《浙江台州府志》记载：明隆庆二年（公元1568年）七月二十九日大雨倾盆，飓风，海潮大涨，挟天台山诸水入城，三日溺死三万余人，没田十五万亩，坏庐舍五万区，尸骸遍野，官府委吏埋骨，半月方尽。

（12）《明史》卷28记载：明崇祯元年（公元1628年）七月壬午，杭、嘉、绍三府海啸，坏民居数万间，溺数万人，海宁、萧山尤甚。

（13）《明实录类纂·自然灾异卷》记载：明崇祯四年（公元1631年）浙江海潮狂溢，漂溺人民七万。

（14）嘉庆《东台县志》卷7记载：清雍正二年（公元1724年）记载七月十八日、十九日风雨，东台等十场暨通海属九场，共溺死男女四万九千五百五十八口，冲毁范公堤岸，飘荡房屋胜出无算。

（15）《梦长杂著》卷8记载：清乾隆三十六年（公元1771年）七月二十四日子夜，萧山暴雨，大风拔木，屋瓦飞如鹰隼，海塘圮，潮水溢入龛山一带，溺死者数万人。

（16）民国《杭州府志》卷143记载：清乾隆四十一年（公元1776年）海水骤溢，萧山被患尤酷，居民死以万计，水既退，皆骸遍道路。

（17）光绪《台州府志》记载：清咸丰四年（公元1854年）七月初三日，飓风陡作，越日愈甚。初五日午后，海上海溢，水如山立，倏忽之间，陆地成海，淹死男妇五、六万计。积尸遍野，庐舍无存，间或附片板得生，而赀业罄洗。

中华人民共和国成立前后，由于科技的发展，人们对台风的认识也逐渐成熟起来，并借助于现代化的技术手段，开始慢慢捕捉台风规律，台风的神秘面纱也逐渐被人们揭开。第一次较为完整的台风风暴潮灾害记录是4906号台风，1949年7月19日20时在菲律宾以东洋面上生成，并向西北方向移动，24日22时在浙江省舟山市普陀县登陆，中心气压968 hPa，近中心最大风速40 m/s。登陆后向西北偏北方向移动，穿过杭州湾，于25日04—05时再次在现上海金山到嘉兴平湖登陆，并继续北上。受其影响，浙北东部地区余姚、慈溪、舟山、嘉兴等11余个县市受灾，受灾农田$9.47 \times 104\ \mathrm{hm}^2$，死亡170人，倒房2 111间。

## 1.4 灾害防御体系

### 1.4.1 海塘建设

海塘又称海堤，是抗御风暴潮灾害的海岸和河口的堤防工程。浙江省海塘修筑历史悠久，规模浩大雄伟，工程艰巨复杂，是历代劳动人民勤劳、勇敢、智慧的结晶，也是艰苦奋斗历程的历史见证。西汉末至东汉初，会稽郡议曹华信在钱唐县（今杭州市）东筑防海大塘，"遏绝潮源，一境蒙利"是为最早有记载的浙江海塘修筑事。千百年来，浙江人民为了生存和发展，不断修筑海塘，围涂造地，固塘强塘，特别是20世纪末至21世纪初，实施千里标准海塘和强塘工程建设，沿海防台御潮能力得到显著提高。浙江海塘直接保护着钱塘江河口两岸和浙东沿海及岛屿，区域内人口稠密，经济发达，重要企业、基础设施众多，是浙江省的主要经济区，保护区域内经济总量、财政收入约占全省的75%。随着经济社会发展，海塘的重要性更加凸显。

按照地域特征，浙江省海塘分为钱塘江海塘和浙东海塘两部分。钱塘江北岸海塘西起杭州市西湖区的上泗社井（古岸线位置在狮子口），经杭州和海宁、海盐、平湖，东至平湖的金丝娘桥，与上海市的江南海塘相接；钱塘江南岸海塘西起杭州市萧山区茅山闸，自西向东，经萧山、绍兴、上虞、余姚、慈溪、镇海，东至镇海甬江口左岸。浙东海塘北起甬江口右岸，经宁波、台州、温州沿海，至苍南马站止，包括舟山等沿海岛屿海塘。

目前，浙江省已建成标准海塘2 700 km余，其中一线标准海塘898条2 014 km（全省一线标准海塘分布情况见表1.2），现有海塘工程体系中200年一遇及以上的长度仅1%，100年一遇长度占比14%，50年一遇长度占比56%，20年一遇长度占比23%，10年一遇长度占比6%，直接保护7个设区市42县（市、区），涉及保护范围内2 000余万人口和2 000余万亩耕地，直接保护区内国内生产总值（GDP）和财政收入约占全省的75%。

表1.2 浙江省海塘分布情况及防御能力

| 设区市 | 海塘总长 | | 200年一遇及以上 | | 100年一遇 | | 50年一遇 | | 20年一遇 | | 10年一遇 | |
| --- | --- | --- | --- | --- | --- | --- | --- | --- | --- | --- | --- | --- |
| | 条数 | 长度/km | 条数 | 长度/km | 条数 | 长度/km | 条数 | 长度/km | 条数 | 长度/km | 条数 | 长度/km |
| 省直管 | 24 | 96.2 | 0 | 0 | 24 | 96.2 | 0 | 0 | 0 | 0 | 0 | 0 |
| 杭州市 | 15 | 115.6 | 0 | 0 | 10 | 74.6 | 4 | 39.1 | 1 | 2 | 0 | 0 |
| 嘉兴市 | 23 | 71.2 | 3 | 3.7 | 6 | 22.6 | 13 | 44.5 | 1 | 0.4 | 0 | 0 |
| 绍兴市 | 8 | 25.8 | 0 | 0 | 8 | 25.8 | 0 | 0 | 0 | 0 | 0 | 0 |
| 宁波市 | 244 | 547.5 | 2 | 8.7 | 11 | 20.9 | 89 | 292.8 | 89 | 161 | 50 | 63.9 |
| 舟山市 | 301 | 391.8 | 0 | 0 | 2 | 1.5 | 143 | 267.3 | 118 | 101.3 | 38 | 21.8 |
| 台州市 | 160 | 359.3 | 1 | 1.8 | 3 | 4.1 | 89 | 262.3 | 47 | 78.6 | 20 | 12.5 |
| 温州市 | 123 | 406.9 | 1 | 0.5 | 9 | 37.3 | 46 | 227.9 | 49 | 115.7 | 18 | 25.5 |
| 全省合计 | 898 | 2 014.3 | 7 | 14.8 | 73 | 283 | 384 | 1 134 | 305 | 458.6 | 126 | 123.6 |

## 1.4.2 观测预报体系建设

### 1.4.2.1 观测体系

浙江省坎门验潮站建于1928年，为我国历史上第一座自主设计建造的验潮站；1929年5月，镇海站在招商码头设置水尺进行人工潮位观测；1929年7月，乍浦验潮站在乍浦镇山湾村灯光山西麓设置水尺进行人工潮位观测；1930年3月，澉浦站在长山南部山脚下设置水尺进行人工潮位观测；1931年11月，海门站在振市街码头设置水尺进行人工潮位观测；1944年5月，瑞安站在瑞安西门竹排头设置水尺进行人工潮位观测。中华人民共和国成立后，长涂海洋水文气象站、西泽海洋站和龙湾站（1959年），健跳水文站（1975年），定海水文站（1976年）等长期潮位观测站相继成立。

2015年以来，在长期潮位观测站的布局基础上，原浙江省海洋与渔业局建设了32个简易潮位站，用于长期潮位观测站的补充站点。截至2020年年底，全省共有84个潮位观测站（点），其中主要长期潮位观测站有12个（表1.3）。

表1.3　浙江省沿海主要长期潮位观测站基本情况

| 序号 | 观测站名称 | 地理位置 | 所在地点 | 长序列资料开始年限 |
|---|---|---|---|---|
| 1 | 澉浦 | 30°22.36′N 120°54.43′E | 杭州湾北岸，海盐县澉浦镇长山村，长山闸以东 | 1953年 |
| 2 | 乍浦 | 30°36.61′N 121°06.47′E | 杭州湾北岸，平湖市乍浦镇山湾村金山石化陈山码头，灯光山南侧 | 1951年 |
| 3 | 镇海 | 29°56.94′N 121°43.05′E | 甬江口北岸，宁波市镇海区沿江东路沿江公路海堤处 | 1951年 |
| 4 | 定海 | 30°00.37′N 122°03.32′E | 舟山市定海区鸭蛋山轮渡码头栈桥平台的西侧 | 1977年 |
| 5 | 高亭 | 30°14.45′N 122°11.80′E | 舟山市岱山岛南岸的高亭镇 | 1981年 |
| 6 | 大目涂 | 29°25.49′N 121°58.10′E | 宁波市象山县东侧松兰山旅游度假区送来山山脚 | 1981年 |
| 7 | 健跳 | 29°02.31′N 121°37.44′E | 三门湾健跳港北岸、三门县健跳镇沿港东路62号 | 1975年 |
| 8 | 海门 | 28°41.23′N 121°26.87′E | 椒江口南岸，台州市椒江区牛头颈以西700 m处 | 1951年 |
| 9 | 坎门 | 28°05.40′N 121°17.07′E | 玉环市南端，坎门街道平头山 | 1958年 |
| 10 | 龙湾 | 27°58.14′N 120°48.12′E | 瓯江口南岸，温州市龙湾区灯塔旁 | 1959年 |
| 11 | 洞头 | 27°51.43′N 121°08.29′E | 洞头本岛北岙后二期围垦东西防潮大堤交汇处，单屿脚下 | 1985年 |
| 12 | 瑞安 | 27°47.09′N 120°37.15′E | 飞云江北岸，瑞安市沿江东路客运码头旁 | 1956年 |

海洋观测是海洋预报的基础，是海上各类生产活动的保障。当前，我国已初步形成涵盖岸基海洋观测系统、离岸海洋观测系统以及大洋和极地观测的海洋观测网基本框架，在我国海洋防灾减灾、科学研究等领域中发挥了重要作用。岸基海洋观测系统主要包括岸基海洋观测站（点）、河口水文站、海洋气象站、验潮站、岸基雷达站等。浙江省共有139个海洋观测站（点），包括海洋站94个、雷达站19个、浮标25个，并率先在全国领海基线附近建成东瓯海洋综合观测平台，初步建成了"覆盖近海、延伸外海"的海洋综合立体观（监）测网络（表1.4）。

表1.4 浙江省海洋观测站（点）

| 类型 | 数量/个 | 占总量比例 | 类型 | 数量/个 | 类型 |
|---|---|---|---|---|---|
| 海洋站 | 94 | 67.63% | 基础观测站 | 37 | 省自建 |
| | | | | | 国家建 |
| | | | 一般观测站（省自建） | 57 | 简易潮位 |
| | | | | | 简易气象 |
| | | | | | 简易潮位气象 |
| 雷达站 | 19 | 13.67% | 测波雷达 | 13 | 省自建 |
| | | | | | 国家建 |
| | | | 地波雷达 | 6 | 国家 |
| 浮标 | 25 | 17.99% | 1 m | 6 | 省自建 |
| | | | | | 国家建 |
| | | | 3 m | 15 | 省自建 |
| | | | | | 国家建 |
| | | | 10 m | 4 | 国家建 |
| 平台 | 1 | 0.71% | 基础观测站 | 1 | 省自建 |

其中，嘉兴市有2个海洋观测站点（基础站1个、波浪浮标1个）；舟山市有46个海洋观测站点（基础站14个、简易潮位站2个、简易气象站9个、简易潮位气象站5个、测波雷达站4个、地波雷达站4个、波浪浮标8个）；宁波市有19个海洋观测站点（基础站6个、简易潮位气象站8个、测波雷达站1个、地波雷达站1个、波浪浮标3个）；台州市有33个海洋观测站点（基础站7个、简易潮位站5个、简易气象站8个、简易潮位气象站2个、测波雷达站4个、地波雷达站1个、波浪浮标6个）；温州市有39个海洋观测站点（基础站9个、简易潮位站6个、简易气象站8个、简易潮位气象站4个、测波雷达站4个、波浪浮标7个、平台1个）。

### 1.4.2.2 预警报体系

海洋预警报体系建设是关系沿海居民生命财产安全的重要防线，也是开发海洋的基础和保障。沿海企业及涉海单位的生产、生活与海洋信息密切相关，如海上石油勘探开发、港口、海运、捕捞、养殖等一系列海事活动都需要掌握瞬息万变的海洋信息。一次大的海洋灾害，有可能使企业遭受灭顶之灾。而一次准确的海洋预报，即可使企业避免上亿元的经济损失。因此，建立健全沿海海洋预报服务体系是沿海经济发展的需要，建设海洋预报服务体系是一件功在当下，利在千秋的事业。诚然，任何一项防灾措施都不可能使灾害损失降为零，但有完善的预报体系和反应迅捷的传导机制，提前做好防灾准备，至少可使损失减少，降低人员伤亡。"十三五"期间，浙江省海洋灾害损失占全省GDP比重由"十二五"期间的年均0.05%下降到0.04%，同比下降20%；年均死亡（含失踪）人数从21人下降到14人，同比下降33%。可见，防灾有着多么巨大的经济效益和社会效益。

目前，浙江省已初步形成以1个省级海洋监测预报中心和宁波、舟山、温州、台州4个市级海洋预报机构为主，岱山、玉环、洞头等6个县级海洋预报台为辅的海洋灾害预警业务体系。依托国家海洋环境预报中心、国家海洋环境监测中心、国家卫星海洋应用中心、自然资源部第二海洋研究所，先后共建了浙江省海洋防灾减灾中心、浙江省海洋卫星遥感应用中心、浙江省海洋科学院，并与国家海洋信息中心、国家海洋技术中心、自然资源部海洋减灾中心签署了战略合作协议，打造了一支本领过硬的浙江海洋防灾减灾技术队伍，有力提升了业务支撑水平。"十三五"期间，全省风暴潮灾害预警报准确率达81%，海浪灾害预警报准确率达88%。

风暴潮数值预报模式和定量海啸预警数据库技术能力全国领先，初步具备了多要素、多区域、多目标、多保障的预警功能。建成了海洋观测预报信息制作与发布系统，重要预警信息实现省市级主流媒体实时发布；同时完成了渔船安全救助信息系统的升级，可将主要灾害预警信息直接发送到全省20 000多艘渔船，打通了服务基层群众的"最后一公里"。

沿海各市县相继成立海洋灾害应急指挥部及办事机构，建成全省海洋灾害应急指挥平台和应急视频会商系统，形成了集海洋、气象、海事、水利、环保、民政、地震等部门的多部门协作机制。主要灾害应急预案已覆盖到沿海34个县（市、区）。

## 1.4.3 风险防控体系建设

浙江省在"十二五"期间，在全国率先完成沿海34个县（市、区）、279个乡镇的海洋灾害风险调查与隐患排查和沿海县（市、区）的海洋灾害评估与区划，初步排查出隐患区域484处，共计1 396.1 km²。重新核定沿海警戒潮位，从原来的22个沿海县（市、区）、26个岸段，扩展到37个沿海县（市、区）、56个岸段，实现了每个县级行政区域至少有一套警戒潮位值的标准。新核定的警戒潮位值为沿海各级政府海洋灾害应急管理决策和沿海工程设施建设提供了重要依据。

"十三五"以来，浙江省海洋防灾减灾系统深入学习贯彻习近平新时代中国特色社会主义思想，全面落实中共中央、国务院和省委、省政府关于推进防灾减灾救灾体制机制改革的意见，以"不死人、少伤人、少损失"为根本宗旨，大力实施海洋灾害防御三年行动，全面提升全社会海洋灾害综合防范能力，奋力打造海洋防灾减灾"重要窗口"。

2018年6月，浙江省海洋灾害应急指挥部印发了《浙江省海洋灾害应急防御三年行动方案》，大力实施海洋灾害隐患排查和整治、海洋风暴潮灾害重点防御区划定和管理、海洋防灾减灾综合示范区创建等三大行动。此次行动历时三年，全省超1 000家单位（部门）共同参与，累计完成全省沿海27个沿海县（市、区）484处海洋灾害隐患区复核整治，现场测量7 146处，勘查3 192处，核定隐患区面积1 510.11 km²，整治海洋灾害隐患区144处，核减194处，基本摸清了全省风险隐患家底，消除了灾害隐患，形成了"风险隐患一张图"和"风险管控一张表"，在全国率先完成海洋灾害风险调查和隐患排查、风险评估与区划；划定了19个风暴潮灾害重点防御县

（市、区）和重点防御区（总面积1 718.72 km²），研究制定了省级风暴潮重点防御区管理指导意见和县级管理办法，从规划衔接、组织保障、预案管理、预警服务、防灾基础设施建设、协同联动应急、科普宣传教育等7个方面做出细化规定，在全国率先建立风暴潮重点防御区管理体系；完成10个海洋综合减灾县（市、区）和50个海洋综合减灾社区建设，共设置海洋灾害避灾安置点50个、海洋灾害避灾点位置告知牌和疏散路线指示牌300余块，累计设计发放各类宣传品超3万份。通过创新开展海洋综合减灾示范社区建设、应急预案修编、应急演练、灾害预警和疏散标识设立、避灾点规划及识别、灾情网络监测、海洋减灾宣传教育培训等，形成了一套符合浙江实际的风险防控机制和业务流程，打通了基层海洋防灾减灾"最后一公里"。

第2章

# 浙江台风风暴潮
# 时空特征

# 浙江台风风暴潮灾害

（1949—2020）

# 2.1 评价指标与过程选取

风暴潮灾害评价指标体系是围绕风暴潮的自然属性和成灾属性来建立的。自然属性主要为风暴潮强度，本书以风暴增水作为评价指标，按照增水量值的大小来进行等级划分。成灾属性方面，以风暴潮超警戒作为评价指标，按照最高潮位超警戒潮位值的等级来进行等级划分。

## 2.1.1 警戒潮位

警戒潮位指防护区沿岸可能出现险情或潮灾，需进入戒备或救灾状态的潮位既定值。警戒潮位既是海洋预报部门发布风暴潮警报的重要指标，又是沿海各级人民政府防汛防潮减灾指挥决策的重要参考，为准确发布风暴潮灾害预警信息、启动应急响应和有效指导海洋防灾减灾提供了更加科学的决策依据。同时也是自然资源、建设、交通、水利、文旅等部门规划设计和国土整治开发的基础性资料，为海洋防灾减灾、沿海城市规划、海洋环境评价、涉海工程等政府管理决策和社会经济发展提供科学依据，对促进海洋经济可持续发展和保障人民生命财产安全等有重大意义。

2012年，《警戒潮位核定规范》（GB/T 17839—2011）正式颁布，确定了蓝色、黄色、橙色和红色这四色警戒潮位的分级和核定方法（表2.1），与《风暴潮、海浪、海啸和海冰灾害应急预案》的四色预警相适应。2013年，国家海洋局印发《警戒潮位核定管理办法》，明确了沿海各省、自治区、直辖市人民政府海洋主管部门负责组织开展本地区警戒潮位核定工作，警戒潮位值应确保每5年重新核定一次。2017年，国家海洋局印发《警戒潮位现场标志物设置规范》，要求全面推进新警戒潮位现场标志物设置工作，在特别重要、重要、较重要岸段每个岸段至少设置1处标志物，有条件的省（自治区、直辖市）在特别重要和重要岸段的每个乡镇至少设置1处标志物。

表2.1 四色警戒潮位说明

| 蓝色警戒潮位 | 指海洋灾害预警部门发布风暴潮蓝色警报的潮位值，当潮位达到这一既定值时，防护区沿岸须进入戒备状态，预防潮灾的发生 |
|---|---|
| 黄色警戒潮位 | 指海洋灾害预警部门发布风暴潮黄色警报的潮位值，当潮位达到这一既定值时，防护区沿岸可能出现轻微的海洋灾害 |
| 橙色警戒潮位 | 指海洋灾害预警部门发布风暴潮橙色警报的潮位值，当潮位达到这一既定值时，防护区沿岸可能出现较大的海洋灾害 |
| 红色警戒潮位 | 指防护区沿岸及其附属工程能保证安全运行的上限潮位，是海洋灾害预警部门发布风暴潮红色警报的潮位值。当潮位达到这一既定值时，防护区沿岸可能出现重大的海洋灾害 |

浙江省现行的警戒潮位值于2013—2015年核定，2016年由省人民政府办公厅正式公布，共包含33个沿海县（市、区）、52个岸段。2020年浙江省人民政府办公厅发布《浙江省海洋灾害应急预案》，并附《浙江省沿海警戒潮位表》，新增了永嘉县1个、鹿城区2个、龙港市1个、杭州钱塘新区2个、洞头区1个共7个岸段，撤销了萧山区1个、龙湾区1个、苍南县1个共3个岸段，警戒潮位岸段一共扩展为56个（图2.1，表2.2）。

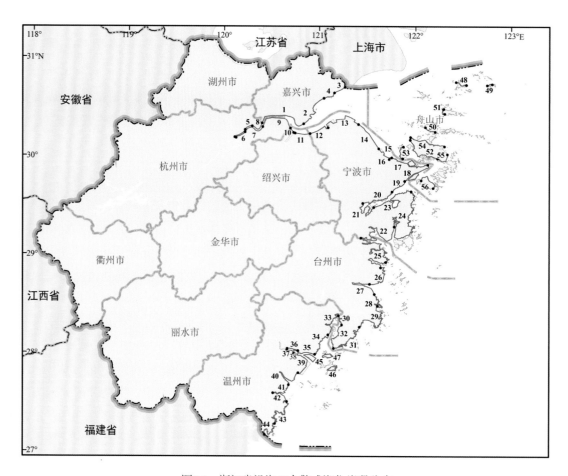

图2.1 浙江省沿海56个警戒潮位岸段分布

各岸段具体警戒潮位值见表2.2

表2.2 浙江省沿海警戒潮位

| 行政区 | | 预警岸段 | | 警戒潮位值 / cm | | | |
|---|---|---|---|---|---|---|---|
| 地级市 | 县（区、市） | 编号 | 名称 | 蓝 | 黄 | 橙 | 红 |
| 嘉兴市 | 海宁市 | 1 | 海宁市岸段 | 620 | 670 | 715 | 765 |
| | 海盐县 | 2 | 海盐县岸段 | 520 | 565 | 605 | 645 |
| | 平湖市 | 3 | 平湖市岸段 | 445 | 475 | 510 | 540 |
| | | 4 | 乍浦港岸段 | 440 | 455 | 475 | 490 |
| 杭州市 | 江干区 | 5 | 江干区岸段 | 670 | 715 | 760 | 810 |
| | 滨江区 | 6 | 滨江区岸段 | 700 | 740 | 780 | 820 |
| | 萧山区 | 7 | 萧山区岸段 | 670 | 710 | 750 | 790 |
| | 钱塘新区 | 8 | 下沙岸段 | 670 | 715 | 760 | 810 |
| | | 9 | 大江东岸段 | 610 | 650 | 690 | 730 |

（续表）

| 行政区 | | 预警岸段 | | 警戒潮位值 / cm | | | |
|---|---|---|---|---|---|---|---|
| 地级市 | 县（区、市） | 编号 | 名称 | 蓝 | 黄 | 橙 | 红 |
| 绍兴市 | 柯桥区 | 10 | 柯桥区岸段 | 610 | 660 | 700 | 750 |
| | 上虞区 | 11 | 上虞区岸段 | 610 | 650 | 690 | 730 |
| 宁波市 | 余姚市 | 12 | 余姚市岸段 | 510 | 540 | 570 | 610 |
| | 前湾新区 | 13 | 前湾新区岸段 | 300 | 320 | 340 | 360 |
| | 慈溪市 | 14 | 慈溪市岸段 | 290 | 310 | 330 | 350 |
| | 镇海区 | 15 | 镇海区岸段 | 230 | 255 | 285 | 310 |
| | | 16 | 镇海区<br>甬江口段 | 215 | 245 | 275 | 305 |
| | 北仑区 | 17 | 北仑区北岸<br>（含大榭岛） | 220 | 245 | 275 | 300 |
| | | 18 | 北仑区南岸<br>（含梅山岛） | 235 | 255 | 285 | 305 |
| | 鄞州区 | 19 | 鄞州区岸段 | 325 | 355 | 385 | 420 |
| | 奉化区 | 20 | 奉化区岸段 | 325 | 350 | 380 | 405 |
| | 宁海县 | 21 | 象山港宁海岸段 | 365 | 390 | 420 | 450 |
| | | 22 | 三门湾宁海岸段 | 380 | 410 | 435 | 465 |
| | 象山县 | 23 | 象山港象山岸段 | 360 | 385 | 410 | 435 |
| | | 24 | 象山县东岸 | 315 | 340 | 370 | 395 |
| 台州市 | 三门县 | 25 | 三门县岸段 | 385 | 420 | 450 | 480 |
| | 临海市 | 26 | 临海市岸段 | 375 | 410 | 450 | 490 |
| | 椒江区 | 27 | 椒江区岸段 | 375 | 410 | 445 | 485 |
| | 路桥区 | 28 | 路桥区岸段 | 340 | 380 | 420 | 465 |
| | 温岭市 | 29 | 温岭市东岸 | 335 | 365 | 395 | 430 |
| | | 30 | 温岭市西岸 | 430 | 455 | 480 | 510 |
| | 玉环市 | 31 | 玉环市东岸 | 365 | 385 | 410 | 435 |
| | | 32 | 玉环市西岸 | 395 | 415 | 435 | 455 |
| 温州市 | 乐清市 | 33 | 乐清市东岸<br>北段 | 400 | 425 | 450 | 475 |
| | | 34 | 乐清市东岸<br>南段 | 395 | 420 | 445 | 470 |
| | | 35 | 乐清市<br>瓯江口岸段 | 390 | 415 | 435 | 460 |

（续表）

| 行政区 | | 预警岸段 | | 警戒潮位值 / cm | | | |
|---|---|---|---|---|---|---|---|
| 地级市 | 县（区、市） | 编号 | 名称 | 蓝 | 黄 | 橙 | 红 |
| 温州市 | 永嘉县 | 36 | 永嘉县岸段 | 400 | 430 | 460 | 490 |
| | 鹿城区 | 37 | 鹿城区岸段 | 400 | 430 | 460 | 490 |
| | | 38 | 七都岛岸段 | 400 | 430 | 460 | 490 |
| | 龙湾区 | 39 | 龙湾区岸段 | 395 | 415 | 440 | 460 |
| | 瑞安市 | 40 | 瑞安市岸段 | 385 | 410 | 435 | 465 |
| | 平阳县 | 41 | 平阳县岸段 | 385 | 405 | 430 | 450 |
| | 龙港市 | 42 | 龙港市岸段 | 385 | 410 | 435 | 460 |
| | 苍南县 | 43 | 苍南县东岸北段 | 355 | 380 | 400 | 425 |
| | | 44 | 苍南县东岸南段 | 355 | 380 | 400 | 425 |
| | 洞头区 | 45 | 灵昆岛岸段 | 385 | 410 | 430 | 455 |
| | | 46 | 洞头岛岸段 | 350 | 370 | 390 | 410 |
| | | 47 | 大门镇岸段 | 350 | 370 | 390 | 410 |
| 舟山市 | 嵊泗县 | 48 | 泗礁岛岸段 | 275 | 295 | 315 | 335 |
| | | 49 | 嵊山岛岸段 | 260 | 280 | — | 305 |
| | 岱山县 | 50 | 岱山本岛岸段 | 235 | 260 | 285 | 310 |
| | | 51 | 衢山岛岸段 | 260 | 280 | 300 | 320 |
| | 定海区 | 52 | 定海区南部岸段 | 220 | 240 | 265 | 285 |
| | | 53 | 金塘岛岸段 | 240 | 270 | 295 | 325 |
| | | 54 | 定海区北部岸段 | 235 | 265 | 290 | 320 |
| | 普陀区 | 55 | 普陀区本岛岸段 | 235 | 265 | 295 | 330 |
| | | 56 | 六横岛岸段 | 260 | 280 | 300 | 315 |

注：根据《警戒潮位核定规范》（QB/T 17839—2011）计算出蓝、红警戒潮位值，插值得到黄、橙警戒潮位值，由于嵊山岛岸段蓝、红警戒潮位差值较小，因此只设立黄色警戒潮位，不设立橙色警戒潮位。

## 2.1.2　风暴潮超警戒等级

风暴潮超警戒等级分为：特大、严重、较重和一般4个级别，分别对应Ⅰ、Ⅱ、Ⅲ、Ⅳ 4个级别。按照潮位站的最高潮位超过当地警戒潮位值大小进行划分，如表2.3所示。

表2.3  风暴潮超警戒等级划分标准

| 等级 | Ⅰ（特大） | Ⅱ（严重） | Ⅲ（较重） | Ⅳ（一般） |
| --- | --- | --- | --- | --- |
| 超警戒级别 | 红 | 橙 | 黄 | 蓝 |

## 2.1.3  风暴增水等级

风暴增水等级依据增水大小分为：特大、大、较大、中等和一般5个级别，分别对应Ⅰ、Ⅱ、Ⅲ、Ⅳ、Ⅴ5个级别。按照潮位站风暴增水的大小划分风暴增水等级，如表2.4所示。

表2.4  风暴增水等级划分标准

| 等级 | Ⅰ（特大） | Ⅱ（大） | Ⅲ（较大） | Ⅳ（中等） | Ⅴ（一般） |
| --- | --- | --- | --- | --- | --- |
| 风暴增水 / cm | （250，+∞） | （200，250] | （150，200] | （100，150] | （50，100] |

## 2.1.4  典型台风选取

浙江省的台风有4个特点：强、多、灾重、复杂。

（1）强度强。登陆浙江省的台风是无遮无挡地长驱直入，直扑浙江，因此它登陆浙江省时，强度强。1949—2020年，浙江省登陆台风的登陆强度以台风和强台风为主，其中还包括3次超强台风（5612号、0608号和1909号超强台风）。加上浙江省地形的特殊和海岸线的走向，更利于风暴增水。

（2）台风多。1949—2020年，直接登陆浙江省的台风有46个，年均0.64个。另外，登陆福建中、北部的台风往往对浙江的影响大于对福建的影响。

（3）灾情重。据史料的不完全记载，浙江省历史上至少有17次遭受台风灾害一次死亡人数达万人以上。而随着浙江省沿海地区经济的不断发展和重大工程的开展，灾害损失风险逐年增加。

（4）路径、类型复杂。首先是路径复杂，台风移动的拐点往往在浙江省沿海，还常有停滞打转现象。台风每次移动方向发生变化时，移动速度都会明显降低，会长时间影响浙江省海域。其次，台风影响的类型复杂。若台风登陆时间遇上高潮位，则最大增水往往会叠加在高潮位上，风暴潮的破坏力就会变得更大。若台风遇到冷空气，会造成大范围的中尺度对流天气，风暴增水也会比单纯的台风风暴潮增水高。

本书对符合以下标准之一的典型台风进行了统计分析：

（1）达到或超过警戒潮位的台风，警戒潮位以2016年浙江省人民政府办公厅公布的浙江省四色警戒潮位为准，具体见2.1.1小节。

（2）未超警戒潮位但是有灾害损失记录的台风。

（3）在浙江省登陆的台风。

1949—2020年，影响浙江省的台风共139个，其中包含3次双台风过程（分别为1214号"天秤"和1215号"布拉万"、1614号"莫兰蒂"和1616号"马勒卡"、1709号"纳沙"和1710号"海棠"）。其中超红色（含达到红色）警戒潮位的影响台风共22个，超橙色且未达到红色警戒潮位的影响台风共17个，超黄色且未达到橙色警戒潮位的影响台风共20个，超蓝色且未达到黄色警戒潮位的影响台风共36个，不超警戒潮位（含未收集到潮位资料）的影响台风共44个。

影响浙江省的139个台风可分成4种路径（图2.2）：Ⅰ型路径为中转向台风，即在东经125°以东、东经140°以西转向的台风；Ⅱ型路径为西转向台风，即在东经125°以西转向的台风；Ⅲ型路径为登陆浙江、江苏、上海或在近海消失的台风；Ⅳ型路径为往福建、广东、海南或在台湾海峡消失的台风。本书选取的影响浙江的台风中，Ⅲ型路径台风最多，有54个，占总数39%；其次为Ⅳ型路径台风，有50个，占总数36%；再次为Ⅱ型路径，有22个，占总数16%；最后是Ⅰ型路径，有13个，占总数9%。

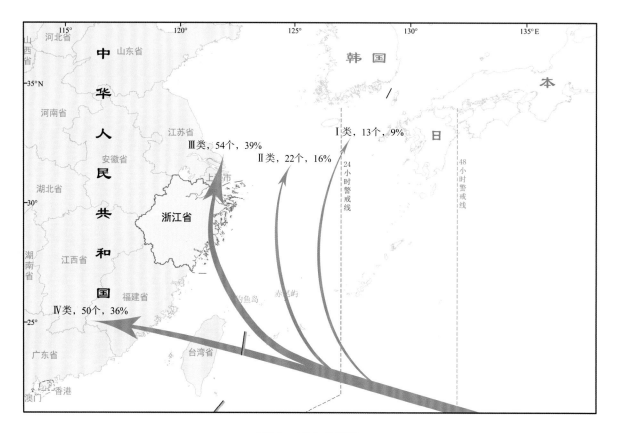

图2.2　4种台风路径

本书统计了139个台风过程中22个潮位站的最高潮位资料（表2.5），其中有9个站点的资料年限不足20年。从筛选出的22个站点最高潮位和风暴增水历史极值的统计结果来看：9711号台风造成6个站点达到历史最高潮位，其次是9417号、1323号、1814号和1918号台风，各造成3个站点达到历史最高潮位。

表2.5　浙江省代表潮位站情况

| | 代表站 | 数据统计年限 | 最高潮位值 / cm | 最高潮位影响台风 |
|---|---|---|---|---|
| 嘉兴市 | 澉浦站 | 1956—2020年 | 656 | 9711号 |
| | 乍浦站 | 1951—2020年 | 554 | 9711号 |

（续表）

| | 代表站 | 数据统计年限 | 最高潮位值/cm | 最高潮位影响台风 |
|---|---|---|---|---|
| 舟山市 | 嵊山站 | 1996—2020年 | 300 | 1918号 |
| | 岱山站 | 2003—2020年 | 276 | 1814号 |
| | 定海站 | 1977—2020年 | 315 | 9711号 |
| | 沈家门站 | 2003—2020年 | 290 | 1814号 |
| | 六横站 | 2008—2020年 | 324 | 1814号 |
| 宁波市 | 镇海站 | 1951—2020年 | 336 | 9711号 |
| | 北仑站 | 2009—2020年 | 276 | 2004号 |
| | 乌沙山站 | 2003—2020年 | 429 | 1211号 |
| | 石浦站 | 1999—2020年 | 359 | 1918号 |
| 台州市 | 健跳站 | 1975—2020中 | 549 | 9711号 |
| | 海门站 | 1951—2020年 | 564 | 9711号 |
| | 石塘站 | 2011—2020年 | 381 | 1918号 |
| | 坎门站 | 1959—2020年 | 511 | 1323号 |
| 温州市 | 沙港头站 | 2008—2020年 | 457 | 1312号 |
| | 温州站 | 1951—2020年 | 554 | 9417号 |
| | 龙湾站 | 1959—2020年 | 559 | 9417号 |
| | 瑞安站 | 1956—2020年 | 502 | 9417号 |
| | 鳌江站 | 1956—2020年 | 522 | 1323号 |
| | 石砰站 | 2010—2020年 | 441 | 1808号 |
| | 洞头站 | 2004—2020年 | 425 | 1323号 |

## 2.2 台风风暴潮时间特征分析

### 2.2.1 台风风暴潮月际分布特征

为了掌握浙江省台风风暴潮灾害时间分布特征，本书对139个台风造成的台风风暴潮过程进行了统计分析。

从统计结果来看（图2.3），6—10月，浙江省沿海均会发生增水50 cm以上的风暴潮，而250 cm以上的特大风暴增水过程主要发生在8—9月，又以8月居多。

Ⅰ级风暴增水（风暴增水达到250 cm以上），6月发生1次[1]，占比6%；7月发生1次，占比

---

[1] 一次台风过程的风暴增水等级为各潮位站风暴增水中的最高等级。

6%；8月发生11次，占比64%；9月发生3次，占比18%；10月发生1次，占比6%。

Ⅱ级风暴增水［风暴增水达到200 cm以上，250 cm（含）以下］，6月、10月未发生；7月发生2次，占比20%；8月发生4次，占比40%；9月发生4次，占比40%。

Ⅲ级风暴增水［风暴增水达到150 cm以上，200 cm（含）以下］，6月发生2次，占比6%；7月发生5次，占比16%；8月发生13次，占比41%；9月发生9次，占比28%；10月发生3次，占比9%。

Ⅳ级风暴增水［风暴增水达到100 cm以上，150 cm（含）以下］，6月未发生；7月发生4次，占比17%；8月发生8次，占比34%；9月发生10次，占比41%；10月发生2次，占比8%。

Ⅴ级风暴增水［风暴增水达到50 cm以上，100 cm（含）以下］，6月发生1次，占比11%；7月发生2次，占比22%；8月发生2次，占比22%；9月发生4次，占比45%；10月未发生。

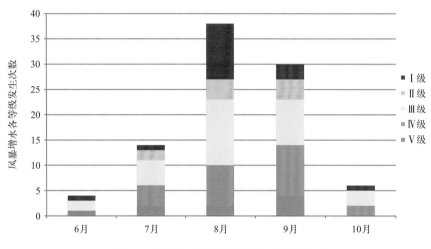

图2.3　风暴增水各等级发生次数月际分布

浙江省超警戒风暴潮6—10月均会发生，其中以8月发生最多（图2.4）。超警戒风暴潮与台风强度及天文高潮位发生时间密切相关，7—10月为我国沿海台风活跃期，96%的强台风风暴潮均发生在这期间，同时，7—10月为我国沿海受风暴潮影响主要海区天文潮较高的时间，其中浙江省7—9月天文潮较高，也是台风风暴潮的频发期，这期间超警戒概率相对较大。

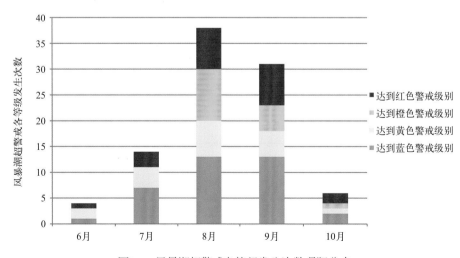

图2.4　风暴潮超警戒各等级发生次数月际分布

### 2.2.1.1 超红色警戒潮位台风风暴潮月际分布特征

1949—2020年，浙江省共出现超红色警戒潮位的台风风暴潮过程22次，其中Ⅰ级风暴增水过程出现6次，占比27%；Ⅱ级风暴增水过程出现6次，占比27%；Ⅲ级风暴增水过程出现9次，占比41%；Ⅳ级风暴增水过程出现1次，占比5%；未出现Ⅴ级风暴增水过程（图2.5）。

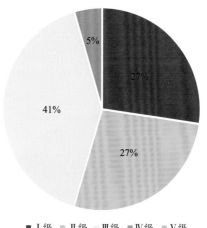

图2.5 超红色警戒潮位台风风暴潮过程各增水等级占比

超红色警戒潮位的台风风暴潮最大增水出现在1323号"菲特"台风风暴潮过程。1323号台风"菲特"于2013年9月30日20时在菲律宾以东洋面上生成，10月7日01时15分在福建省福鼎市沙埕镇沿海登陆，登陆时近中心最大风力14级（42 m/s），中心最低气压955 hPa，是1949年以来10月份登陆我国大陆的最强热带气旋。"菲特"影响期间，最大增水出现在鳌江站，为383 cm。

从各风暴增水等级月际分布来看（图2.6），超红色警戒潮位的台风风暴潮除9月出现过1次Ⅳ级风暴增水过程，其他都为Ⅲ级及以上风暴增水过程。8月发生Ⅰ级风暴增水过程的次数最多，9月、10月次之。Ⅰ级风暴增水过程最早出现在8月12日，最晚出现在10月7日；Ⅱ级风暴增水过程最早出现在7月10日，最晚出现在9月28日；Ⅲ级风暴增水过程最早出现在6月23日，最晚出现在10月17日；Ⅳ级风暴增水过程就出现过1次，在9月26日。

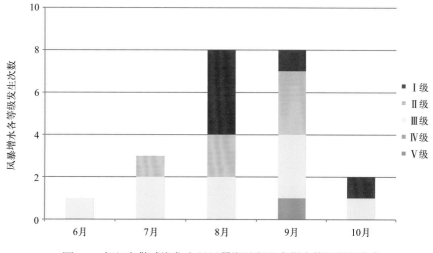

图2.6 超红色警戒潮位台风风暴潮过程及各增水等级月际分布

从超红色警戒潮位的台风风暴潮的月际分布来看（图2.6），浙江省沿岸超红色警戒潮位的台风风暴潮在6—10月均会发生，多发生在8—9月，且次数远多于其他月份。6月出现1次，占比5%；7月出现3次，占比14%；8月出现8次，占比36%；9月出现8次，占比36%；10月出现2次，占比9%。

### 2.2.1.2 超橙色警戒潮位台风风暴潮月际分布特征

1949—2020年，浙江省共出现超橙色警戒潮位的台风风暴潮过程16次，其中Ⅰ级风暴增水过程出现7次，占比44%；Ⅱ级风暴增水过程出现2次，占比12%；Ⅲ级风暴增水过程出现6次，占比38%；Ⅳ级风暴增水过程出现1次，占比6%；未出现Ⅴ级风暴增水过程（图2.7）。

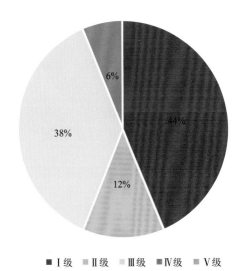

图2.7 超橙色警戒潮位台风风暴潮过程各增水等级占比

超橙色警戒潮位的台风风暴潮最大增水出现在5612号台风（Wanda）风暴潮过程。5612号台风于1956年7月25日在菲律宾以东洋面上生成，8月1日24时在浙江省象山县沿海登陆，登陆时近中心最大风力超过17级（65 m/s），中心最低气压932 hPa，创1949年以来至2006年0608号台风"桑美"出现前登陆我国台风的最低中心气压值。5612号台风影响期间，最大增水出现在澉浦站，为532 cm。

从各风暴增水等级月际分布来看（图2.8），超橙色警戒潮位的台风风暴潮除9月出现过1次Ⅳ级风暴增水过程，其他均为Ⅲ级及以上风暴增水过程，且发生在8—10月，6月、7月没有出现。Ⅰ级、Ⅱ级风暴增水过程全发生在8月，8月仅出现了1次Ⅲ级风暴增水过程；9月以Ⅲ级风暴增水过程为主；10月发生了1次Ⅲ级风暴增水过程。Ⅰ级风暴增水过程最早出现在8月1日，最晚出现在8月24日；Ⅱ级风暴增水过程最早出现在8月6日，最晚出现在8月30日；Ⅲ级风暴增水过程最早出现在9月3日，最晚出现在10月2日；Ⅳ级风暴增水过程仅在9月1日出现1次。

从超橙色警戒潮位的台风风暴潮的月际分布来看（图2.8），浙江省沿岸超橙色警戒潮位的台风风暴潮过程发生在8—10月，多发生在8月，且次数远多于其他月份。8月出现10次，占比63%；9月出现5次，占比31%；10月出现1次，占比6%。

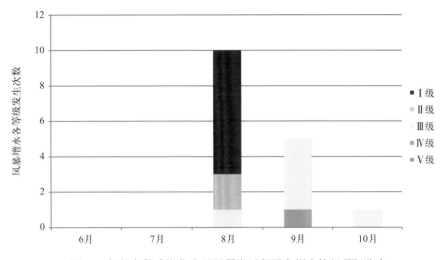

图2.8 超橙色警戒潮位台风风暴潮过程及各增水等级月际分布

### 2.2.1.3 超黄色警戒潮位台风风暴潮月际分布特征

1949—2020年，浙江省共出现超黄色警戒潮位的台风风暴潮过程19次，其中Ⅰ级风暴增水过程出现3次，占比16%；Ⅱ级风暴增水过程出现2次，占比11%；Ⅲ级风暴增水过程出现9次，占比47%；Ⅳ级风暴增水过程出现4次，占比21%；Ⅴ级风暴增水过程出现1次，占比5%（图2.9）。

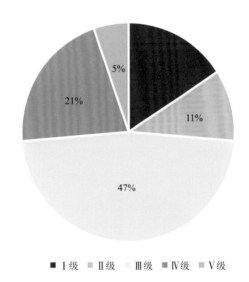

图2.9 超黄色警戒潮位台风风暴潮过程各增水等级占比

超黄色警戒潮位的台风风暴潮最大增水出现在6001号台风（Mary）风暴潮过程。6001号台风于1960年6月9日03时登陆香港沿海，登陆时近中心最大风力12级（33 m/s），中心气压970 hPa，登陆后沿海岸向东北方向移动，6月10日中午在福建省北部沿海再次入海。6001号台风影响期间，最大增水出现在温州站，为353 cm。

从各风暴增水等级月际分布来看（图2.10），超黄色警戒潮位的台风风暴潮发生在6—10月。Ⅰ级风暴增水过程最早出现在6月10日，最晚出现在9月24日；Ⅱ级风暴增水过程最早出现在7月

19日，最晚出现在9月11日；Ⅲ级风暴增水过程最早出现在6月17日，最晚出现在10月4日；Ⅳ级风暴增水过程最早出现在8月1日，最晚出现在9月17日；Ⅴ级风暴增水过程仅在7月30—31日出现过1次。

从超黄色警戒潮位的台风风暴潮的月际分布来看（图2.10），浙江省沿岸超黄色警戒潮位的台风风暴潮过程发生在6—10月，8月发生次数最多。6月出现2次，占比11%；7月出现4次，占比21%；8月出现7次，占比37%；9月出现5次，占比26%；10月出现1次，占比5%。

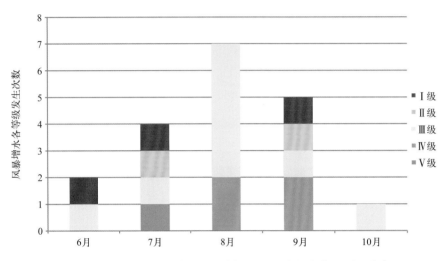

图2.10　超黄色警戒潮位台风风暴潮过程及各增水等级月际分布

### 2.2.1.4　超蓝色警戒潮位台风风暴潮月际分布特征

1949—2020年，浙江省共出现超蓝色警戒潮位的台风风暴潮过程36次，其中Ⅰ级风暴增水过程出现1次，占比3%；Ⅱ级风暴增水过程未出现；Ⅲ级风暴增水过程出现8次，占比22%；Ⅳ级风暴增水过程出现18次，占比50%；Ⅴ级风暴增水过程出现8次，占比22%。有一次过程增水未达50 cm，但也出现超蓝色警戒潮位的情况，占比3%（图2.11）。

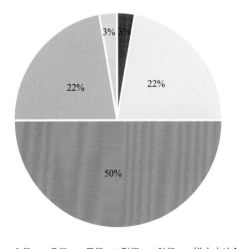

■Ⅰ级　■Ⅱ级　■Ⅲ级　■Ⅳ级　■Ⅴ级　■增水未达Ⅴ级

图2.11　超蓝色警戒潮位台风风暴潮过程各增水等级占比

超蓝色警戒潮位的台风风暴潮最大增水出现在6214号台风（Amy）风暴潮过程。6214号台风于1962年9月6日03—04时登陆福建省连江县沿海，登陆时近中心最大风力超过11级（30 m/s），中心气压978 hPa，台风登陆后偏北行从江苏省进入黄海。6214号台风影响期间，最大增水出现在温州站，为353 cm。

从各风暴增水等级月际分布来看（图2.12），超蓝色警戒潮位的台风风暴潮6—10月均会出现，其中8月、9月出现较多。Ⅰ级风暴增水过程仅出现1次，在9月4日；Ⅱ级风暴增水过程未出现；Ⅲ级风暴增水过程最早出现在7月3日，最晚出现在9月17日；Ⅳ级风暴增水过程最早出现在7月4日，最晚出现在10月31日；Ⅴ级风暴增水过程最早出现在6月22日，最晚出现在9月30日。有一个过程增水未达50 cm，但超蓝色警戒潮位，出现在9月10日。

从超蓝色警戒潮位的台风风暴潮的月际分布来看（图2.12），浙江省沿岸发生超蓝色警戒潮位的台风风暴潮6—10月均会发生，多发生在8—9月，且次数远多于其他月份。6月出现1次，占比3%；7月出现7次，占比19%；8月出现13次，占比36%；9月出现13次，占比36%；10月出现2次，占比6%。

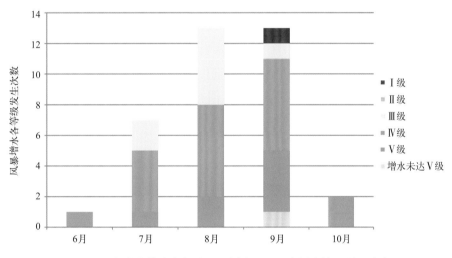

图2.12 超蓝色警戒潮位台风风暴潮过程及各增水等级月际分布

## 2.2.2 台风风暴潮年代际分布特征

20世纪50年代共发生台风风暴潮14次，其中未发生超红色警戒潮位的台风风暴潮，发生超橙色警戒潮位的台风风暴潮2次，发生超黄色警戒潮位的台风风暴潮2次，发生超蓝色警戒潮位的台风风暴潮4次，未超警（或未收集到潮位数据）但有损失的台风风暴潮6次。最早发生台风风暴潮的时间是7月14日，最晚发生台风风暴潮的时间是9月29日。最高超警等级是超橙色警戒潮位，最大增水等级是Ⅰ级，澉浦站增水达532 cm。

20世纪60年代共发生台风风暴潮16次，其中发生超红色警戒潮位的台风风暴潮2次，未发生超橙色警戒潮位的台风风暴潮，发生超黄色警戒潮位的台风风暴潮4次，发生超蓝色警戒潮位的台风风暴潮4次，未超警（或未收集到潮位数据）但有损失的台风风暴潮6次。最早发生台风风暴潮的时间是6月10日，最晚发生台风风暴潮的时间是10月4日。最高超警等级是超红色警戒潮位，最大增水等级是Ⅰ级，温州站增水达353 cm。

20世纪70年代共发生台风风暴潮16次，其中发生超红色警戒潮位的台风风暴潮1次，发生超橙色警戒潮位的台风风暴潮2次，发生超黄色警戒潮位的台风风暴潮1次，发生超蓝色警戒潮位的台风风暴潮9次，未超警（或未收集到潮位数据）但有损失的台风风暴潮3次。最早发生台风风暴潮的时间是6月22日，最晚发生台风风暴潮的时间是9月24日。最高超警等级是超红色警戒潮位，最大增水等级是Ⅰ级，温州站增水达326 cm。

20世纪80年代共发生台风风暴潮22次，其中发生超红色警戒潮位的台风风暴潮3次，未发生超橙色警戒潮位的台风风暴潮，发生超黄色警戒潮位的台风风暴潮4次，发生超蓝色警戒潮位的台风风暴潮8次，未超警（或未收集到潮位数据）但有损失的台风风暴潮7次。最早发生台风风暴潮的时间是7月2日，最晚发生台风风暴潮的时间是9月27日。最高超警等级是超红色警戒潮位，最大增水等级是Ⅱ级，温州站增水达233 cm。

20世纪90年代共发生台风风暴潮13次，其中发生超红色警戒潮位的台风风暴潮5次，发生超橙色警戒潮位的台风风暴潮1次，发生超黄色警戒潮位的台风风暴潮1次，发生超蓝色警戒潮位的台风风暴潮3次，未超警（或未收集到潮位数据）但有损失的台风风暴潮3次。最早发生台风风暴潮的时间是6月23日，最晚发生台风风暴潮的时间是10月31日。最高超警等级是超红色警戒潮位，最大增水等级是Ⅰ级，澉浦站增水达343 cm。

21世纪00年代共发生台风风暴潮27次，其中发生超红色警戒潮位的台风风暴潮6次，发生超橙色警戒潮位的台风风暴潮5次，发生超黄色警戒潮位的台风风暴潮3次，发生超蓝色警戒潮位的台风风暴潮3次，未超警（或未收集到潮位数据）但有损失的台风风暴潮10次。最早发生台风风暴潮的时间是7月2日，最晚发生台风风暴潮的时间是10月17日。最高超警等级是超红色警戒潮位，最大增水等级是Ⅰ级，鳌江站增水达401 cm。

21世纪10年代共发生台风风暴潮25次，其中发生超红色警戒潮位的台风风暴潮5次，发生超橙色警戒潮位的台风风暴潮5次，发生超黄色警戒潮位的台风风暴潮4次，发生超蓝色警戒潮位的台风风暴潮4次，未超警（或未收集到潮位数据）但有损失的台风风暴潮7次。最早发生台风风暴潮的时间是7月7日，最晚发生台风风暴潮的时间是10月7日。最高超警等级是超红色警戒潮位，最大增水等级是Ⅰ级，鳌江站增水达383 cm。10年代有3次是双台风过程引起的台风风暴潮，其他年代没有出现这种现象。

综上可见，台风风暴潮发生的次数在增加，且发生超红色警戒潮位的台风风暴潮过程在明显增加，说明极端天气灾害频发，产生的灾害在加重。

# 2.3 台风风暴潮空间特征分析

## 2.3.1 风暴增水空间分布特征

为了获取浙江省沿海风暴潮灾害数据，从而掌握浙江省台风风暴潮灾害空间分布特征，本书选取了浙江省沿海澉浦、乍浦、嵊山、定海、镇海、石浦、健跳、海门、坎门、温州、龙湾、瑞安、鳌江共13个典型的，具有长时间序列潮位资料的潮位（水文）站作为研究对象（表2.6，图2.13）。这些潮位站分布在沿海受风暴潮影响严重的5市，所有潮位站的资料时间序列在20年以上，部分站的资料时间序列在50年以上，基本可以代表浙江省沿海的风暴潮及灾害情况。

表2.6　浙江省典型潮位站风暴增水各等级发生次数统计

| 地级市 | 代表站 | 风暴增水各等级发生次数 | | | | | 合计/次 |
|---|---|---|---|---|---|---|---|
| | | I（特大） | II（大） | III（较大） | IV（中等） | V（一般） | |
| 嘉兴市 | 澉浦站 | 5 | 7 | 17 | 27 | 21 | 77 |
| | 乍浦站 | 2 | 3 | 14 | 30 | 47 | 96 |
| 舟山市 | 嵊山站 | 0 | 0 | 0 | 1 | 5 | 6 |
| | 定海站 | 0 | 1 | 2 | 8 | 35 | 46 |
| 宁波市 | 镇海站 | 2 | 1 | 8 | 9 | 53 | 73 |
| | 石浦站 | 0 | 0 | 2 | 3 | 18 | 23 |
| 台州市 | 健跳站 | 1 | 2 | 4 | 16 | 38 | 61 |
| | 海门站 | 3 | 3 | 10 | 36 | 42 | 94 |
| | 坎门站 | 0 | 1 | 7 | 21 | 53 | 82 |
| 温州市 | 温州站 | 11 | 15 | 16 | 18 | 41 | 101 |
| | 龙湾站 | 0 | 2 | 4 | 16 | 38 | 60 |
| | 瑞安站 | 3 | 4 | 10 | 35 | 24 | 76 |
| | 鳌江站 | 5 | 9 | 22 | 23 | 23 | 82 |

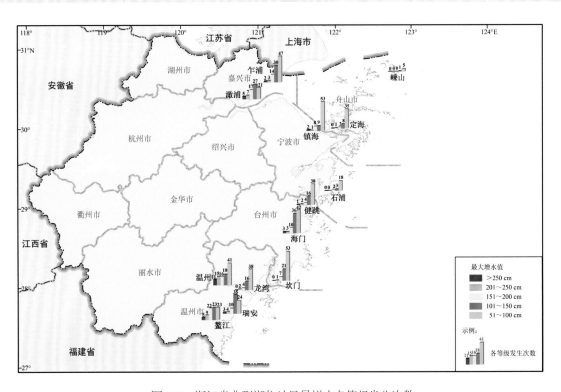

图2.13　浙江省典型潮位站风暴增水各等级发生次数

从风暴增水各等级发生次数来看（表2.7），浙江省沿海5市均发生过V级及以上增水（风暴增水达到50 cm以上）的风暴潮，其中温州市沿海发生次数最多，达到了126次，其次是台州市沿海，发生次数为115次，嘉兴市（杭州湾）沿海发生次数为106次，宁波市沿海发生次数为77次，最少的是舟山沿海，发生次数为46次。

Ⅳ级及以上风暴增水（风暴增水达到100 cm以上），温州市沿海发生次数最多，达到了100次，其次是杭州湾，发生72次，台州市沿海发生69次，宁波市沿海发生22次，最少的是舟山市沿海，发生次数为11次。

Ⅲ级及以上风暴增水（风暴增水达到150 cm以上），温州市沿海发生次数最多，达到了59次，其次是杭州湾，发生33次，台州市沿海发生24次，宁波市沿海发生11次，最少的是舟山市沿海，发生次数为3次。

Ⅱ级及以上风暴增水（风暴增水达到200 cm以上），温州市沿海发生次数最多，达到了31次，其次是杭州湾，发生12次，台州市沿海发生7次，宁波市沿海发生3次，最少的是舟山市沿海，发生次数为1次。

Ⅰ级风暴增水（风暴增水达到250 cm以上），温州市沿海发生次数最多，达到了14次，其次是杭州湾，发生5次，台州市沿海发生3次，宁波市沿海发生2次，舟山市沿海未发生过Ⅰ级风暴增水过程。

表2.7　浙江省沿海5市风暴增水各等级发生次数统计

| 地级市 | 风暴增水各等级发生次数 | | | | | 合计/次 |
|---|---|---|---|---|---|---|
| | Ⅰ（特大） | Ⅱ（大） | Ⅲ（较大） | Ⅳ（中等） | Ⅴ（一般） | |
| 嘉兴市 | 5 | 7 | 21 | 39 | 34 | 106 |
| 舟山市 | 0 | 1 | 2 | 8 | 35 | 46 |
| 宁波市 | 2 | 1 | 8 | 11 | 55 | 77 |
| 台州市 | 3 | 4 | 17 | 45 | 46 | 115 |
| 温州市 | 14 | 17 | 28 | 41 | 26 | 126 |

注：市级统计结果以每次风暴潮过程中各市的典型潮位站中最高增水等级为准，一个风暴潮过程只统计一次。

从各级风暴增水分布来看（表2.7，图2.14），杭州湾发生Ⅴ级及以上风暴增水过程106次，其中Ⅰ级风暴增水过程5次，Ⅱ级风暴增水过程7次，Ⅲ级风暴增水过程21次，Ⅳ级风暴增水过程39次，Ⅴ级风暴增水过程34次。经统计，Ⅰ级风暴增水占比5%，Ⅱ级及以上风暴增水占比12%，Ⅲ级及以上风暴增水占比32%，Ⅳ级及以上风暴增水占比68%，Ⅴ级风暴增水占比32%。

舟山市沿海发生Ⅴ级及以上风暴增水过程46次，其中Ⅰ级风暴增水过程0次；Ⅱ级风暴增水过程1次，Ⅲ级风暴增水过程2次，Ⅳ级风暴增水过程8次，Ⅴ级风暴增水过程35次。经统计，Ⅱ级风暴增水占比2%，Ⅲ级及以上风暴增水占比6%，Ⅳ级及以上风暴增水占比24%，Ⅴ级风暴增水占比76%。

宁波市沿海发生Ⅴ级及以上风暴增水过程77次，其中Ⅰ级风暴增水过程2次，Ⅱ级风暴增水过程1次，Ⅲ级风暴增水过程8次，Ⅳ级风暴增水过程11次，Ⅴ级风暴增水过程55次。经统计，Ⅰ级风暴增水占比3%，Ⅱ级及以上风暴增水占比4%，Ⅲ级及以上风暴增水占比14%，Ⅳ级及以上风暴增水占比28%，Ⅴ级风暴增水占比72%。

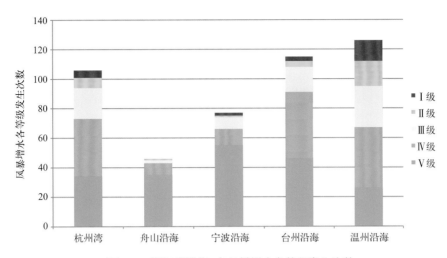

图2.14 浙江省沿海5市风暴增水各等级发生次数

台州市沿海发生Ⅴ级及以上风暴增水过程115次，其中Ⅰ级风暴增水过程3次，Ⅱ级风暴增水过程4次，Ⅲ级风暴增水过程17次，Ⅳ级风暴增水过程45次，Ⅴ级风暴增水过程46次。经统计，Ⅰ级风暴增水占比3%，Ⅱ级及以上风暴增水占比6%，Ⅲ级及以上风暴增水占比21%，Ⅳ级及以上风暴增水占比60%，Ⅴ级风暴增水占比40%。

温州市沿海发生Ⅴ级及以上风暴增水过程126次，其中Ⅰ级风暴增水过程14次，Ⅱ级风暴增水过程17次，Ⅲ级风暴增水过程28次，Ⅳ级风暴增水过程41次，Ⅴ级风暴增水过程26次。经统计，Ⅰ级风暴增水占比11%，Ⅱ级及以上风暴增水占比24%，Ⅲ级及以上风暴增水占比46%，Ⅳ级及以上风暴增水占比79%，Ⅴ级风暴增水占比21%。

从统计结果来看（图2.15），浙江省杭州湾、台州市和温州市沿海是风暴潮频发区及严重区。其中受风暴潮影响最严重的是温州市沿海，不仅发生风暴潮过程最多，而且风暴潮强度也是最强；其次是杭州湾和台州市沿海，台州市沿海发生风暴潮过程较多，杭州湾由于特殊的喇叭口地形，发生风暴潮强度较强；再次是宁波市沿海，发生风暴潮数量较少，强度较弱；最后是舟山市沿海，发生风暴潮数量和强度均最低。

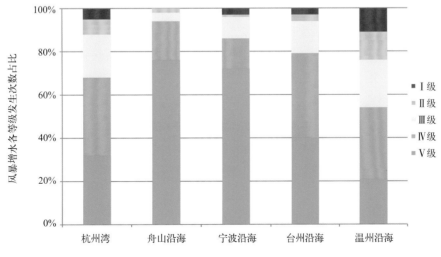

图2.15 浙江省沿海5市风暴增水各等级发生次数占比

## 2.3.2　风暴潮超警戒空间分布特征

　　风暴潮灾害不仅与风暴潮强度有关，还与风暴潮是否和天文高潮位叠加十分密切。当风暴增水与天文高潮位叠加时，极易出现超过当地警戒潮位的高潮位，造成海水漫堤，给当地带来严重的经济损失。本节通过对13个典型潮位（水文）站高潮位的分析（表2.8，图2.16），进一步总结了浙江沿海风暴潮灾害的空间特征。

表2.8　浙江省典型潮位站风暴潮超警戒各等级发生次数统计

| 地级市 | 代表站 | 风暴潮超警戒各等级发生次数 | | | | 合计／次 |
| --- | --- | --- | --- | --- | --- | --- |
| | | Ⅰ（特大） | Ⅱ（严重） | Ⅲ（较重） | Ⅳ（一般） | |
| 嘉兴市 | 澉浦站 | 1 | 3 | 6 | 14 | 24 |
| | 乍浦站 | 4 | 7 | 8 | 10 | 29 |
| 舟山市 | 嵊山站 | 0 | 1 | 0 | 3 | 4 |
| | 定海站 | 2 | 5 | 13 | 13 | 33 |
| 宁波市 | 镇海站 | 2 | 7 | 24 | 32 | 65 |
| | 石浦站 | 0 | 0 | 6 | 7 | 13 |
| 台州市 | 健跳站 | 0 | 2 | 9 | 15 | 26 |
| | 海门站 | 4 | 3 | 10 | 25 | 42 |
| | 坎门站 | 11 | 5 | 11 | 5 | 32 |
| 温州市 | 温州站 | 2 | 6 | 16 | 17 | 41 |
| | 龙湾站 | 3 | 1 | 8 | 12 | 24 |
| | 瑞安站 | 3 | 11 | 10 | 12 | 36 |
| | 鳌江站 | 9 | 4 | 13 | 12 | 38 |

注：市级统计结果以每次风暴潮过程中各市的典型潮位站中最高警戒级别为准，一个风暴潮过程只统计一次。

　　从风暴潮超警戒各等级发生次数来看（表2.9），浙江省沿海5市均出现过超蓝色及以上警戒级别的风暴潮，其中宁波市沿海发生次数最多，达到蓝色及以上警戒级别65次，其次是温州市沿海，达到蓝色及以上警戒级别58次，台州市沿海达到蓝色及以上警戒级别50次，杭州湾达到蓝色及以上警戒级别35次，最少的是舟山市沿海，达到蓝色及以上警戒级别33次。

　　达到黄色及以上警戒级别，温州市沿海和台州市沿海发生次数最多，均为34次，其次是宁波市沿海，发生33次，最少的是杭州湾和舟山市沿海，各发生20次。

　　达到橙色及以上警戒级别，台州市沿海发生次数最多，达到21次，其次是温州市沿海，发生20次，杭州湾发生11次，宁波市沿海发生9次，最少的是舟山市沿海，发生7次。

　　达到红色警戒级别，台州市沿海发生次数最多，达到14次，其次是温州市沿海，发生9次，杭州湾发生4次，最少的是宁波市沿海和舟山市沿海，各发生2次。

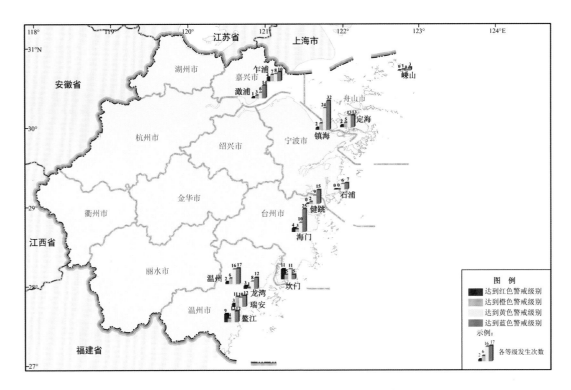

图2.16　浙江省典型潮位站风暴潮超警戒各等级发生次数

从风暴潮超警戒各等级分布来看（表2.9，图2.17），杭州湾发生风暴潮超警戒35次，其中达到红色警戒级别4次，达到橙色警戒级别7次，达到黄色警戒级别9次，达到蓝色警戒级别15次。经统计，达到红色警戒级别占比11%，达到橙色及以上警戒级别占比31%，达到黄色及以上警戒级别占比57%，达到蓝色警戒级别占比43%。

舟山沿海发生风暴潮超警戒33次，其中达到红色警戒级别2次，达到橙色警戒级别5次，达到黄色警戒级别13次，达到蓝色警戒级别13次。经统计，达到红色警戒级别占比6%，达到橙色及以上警戒级别占比21%，达到黄色及以上警戒级别占比61%，达到蓝色警戒级别占比39%。

宁波沿海发生风暴潮超警戒65次，其中达到红色警戒级别2次，达到橙色警戒级别7次，达到黄色警戒级别24次，达到蓝色警戒级别32次。经统计，达到红色警戒级别占比3%，达到橙色及以上警戒级别占比14%，达到黄色及以上警戒级别占比51%，达到蓝色警戒级别占比49%。

表2.9　浙江省沿海5市风暴潮超警戒各等级发生次数统计

| 地级市 | 风暴潮超警戒各等级发生次数 | | | | 合计／次 |
| --- | --- | --- | --- | --- | --- |
| | Ⅰ（特大） | Ⅱ（严重） | Ⅲ（较重） | Ⅳ（一般） | |
| 嘉兴市 | 4 | 7 | 9 | 15 | 35 |
| 舟山市 | 2 | 5 | 13 | 13 | 33 |
| 宁波市 | 2 | 7 | 24 | 32 | 65 |
| 台州市 | 14 | 7 | 13 | 16 | 50 |
| 温州市 | 9 | 11 | 14 | 24 | 58 |

注：市级统计结果以每次风暴潮过程中各市的典型潮位站中最高警戒级别为准，一个风暴潮过程只统计一次。

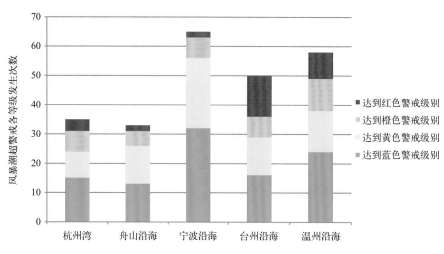

图2.17 浙江省沿海5市风暴潮超警戒各等级发生次数

台州沿海发生风暴潮超警戒50次，其中达到红色警戒级别14次，达到橙色警戒级别7次，达到黄色警戒级别13次，达到蓝色警戒级别16次。经统计，达到红色警戒级别占比28%，达到橙色及以上警戒级别占比42%，达到黄色及以上警戒级别占比68%，达到蓝色警戒级别占比32%。

温州沿海发生风暴潮超警戒58次，其中达到红色警戒级别9次，达到橙色警戒级别11次，达到黄色警戒级别14次，达到蓝色警戒级别24次。经统计，达到红色警戒级别占比16%，达到橙色及以上警戒级别占比34%，达到黄色及以上警戒级别占比59%，达到蓝色警戒级别占比41%。

从统计结果来看（图2.18），浙江省宁波市、台州市和温州市沿海是风暴潮超警戒最严重区域。其中最严重的是温州市和台州市沿海，不仅发生风暴潮超警戒次数较多，而且风暴潮超警戒等级也最强；其次是宁波市沿海，虽然风暴潮超警戒次数最多，但风暴潮超警戒等级较温台地区偏弱；再次是杭州湾，风暴潮超警戒次数较少，等级较低；最后是舟山市沿海，发生风暴潮超警戒次数和等级均最低。

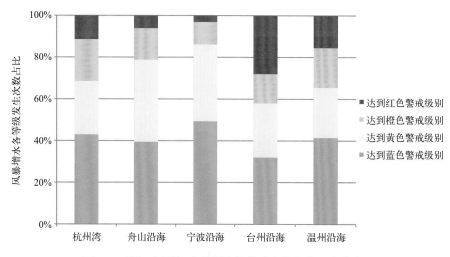

图2.18 浙江省沿海5市风暴潮超警戒各等级发生次数占比

第3章

# 浙江台风风暴潮过程

# 浙江台风风暴潮灾害

（1949—2020）

本书收集了1949—2020年影响浙江省海域的139个典型热带气旋。其中Ⅰ型路径台风13个，占比9%；Ⅱ型路径台风22个，占比16%；Ⅲ型路径台风54个，占比39%；Ⅳ型路径台风50个，占比36%。在浙江省登陆的台风有46个，主要集中在中南部沿海登陆。1949—2020年，台风风暴潮灾害共造成全省11 584人死亡（含失踪），直接经济损失967.94亿元。其中造成全省死亡（含失踪）人数最多的是5612号台风（Wanda），为4 925人；造成直接经济损失最多的是9711号台风（Winnie），为197.7亿元。

## 3.1 超红色警戒潮位台风风暴潮

1949—2020年共有22次超红色警戒潮位的热带气旋影响浙江省海域，并引发台风风暴潮灾害（表3.1）。其中，Ⅰ型路径台风0个；Ⅱ型路径台风4个，占比18%；Ⅲ型路径台风8个，占比36%；Ⅳ型路径台风10个，占比46%（图3.1）；登陆浙江省的台风有8个。超红色警戒潮位的台风风暴潮灾害共造成浙江省2 576人死亡（含失踪），直接经济损失562.28亿元。其中，造成全省死亡（含失踪）人数最多的是9417号台风（Fred），为1 216人；造成直接经济损失最多的是9711号台风（Winnie），为197.7亿元。

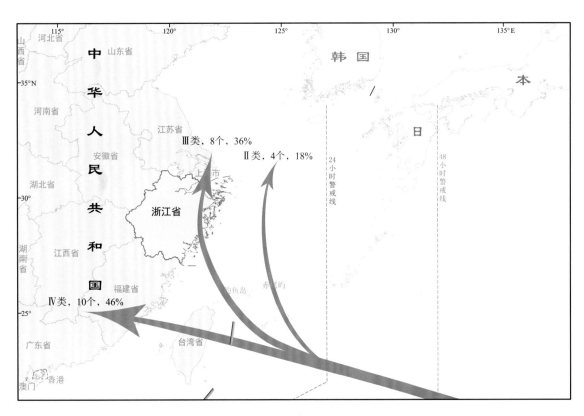

图3.1 超红色警戒潮位典型台风路径

表3.1 超红色警戒潮位台风统计情况

| 序号 | 中央气象台编号 | 中英文名称 | 影响时间 | 强度 | 中心气压极值/hPa | 最大风速极值/(m/s) | 台风类型 | 风暴潮警报级别 | 超红色警戒潮位 | 超橙色警戒潮位 | 超黄色警戒潮位 | 超蓝色警戒潮位 | 增水超1m | 直接经济损失/亿元 | 死亡（含失踪）人数 |
|---|---|---|---|---|---|---|---|---|---|---|---|---|---|---|---|
| 1 | 6008 | Trix | 8月8日至8月9日 | 超强台风 | 928 | 65 | 登陆台湾基隆、福建漳浦 | 红 | 1 | 1 | 0 | 1 | 3 | — | 291 |
| 2 | 6911 | Elsie | 9月25日至9月28日 | 超强台风 | 888 | 85 | 登陆台湾花莲、福建晋江 | 红 | 1 | 0 | 4 | 1 | 6 | — | — |
| 3 | 7413 | Mary | 8月21日至8月22日 | 台风 | 964 | 35 | 登陆浙江三门 | 红 | 2 | 4 | 3 | 0 | 5 | 6.13 | 200 |
| 4 | 8114 | Agnes | 8月30日至9月1日 | 强台风 | 949 | 45 | 西转向 | 红 | 1 | 1 | 2 | 4 | 5 | 0.3 | 42 |
| 5 | 8310 | Forrest | 9月26日至9月27日 | 超强台风 | 930 | 55 | 西转向 | 红 | 1 | 1 | 1 | 6 | 9 | 1.0 | 58 |
| 6 | 8923 | Vera | 9月14日至9月16日 | 强热带风暴 | 975 | 35 | 登陆浙江温岭 | 红 | 1 | 1 | 3 | 5 | 3 | 13.60 | 203 |
| 7 | 9005 | Ofelia | 6月23日至6月24日 | 台风 | 965 | 40 | 登陆台湾花莲—新港、福建福鼎 | 红 | 2 | 2 | 1 | 3 | 7 | 4.60 | 32 |
| 8 | 9216 | Polly | 8月27日至8月31日 | 台风 | 975 | 35 | 登陆台湾花莲、福建长乐 | 红 | 2 | 1 | 4 | 2 | 6 | 35.20 | 157 |
| 9 | 9417 | Fred | 8月17日至8月21日 | 超强台风 | 935 | 55 | 登陆浙江瑞安 | 红 | 5 | 2 | 2 | 2 | 9 | 131.51 | 1 216 |
| 10 | 9608 | Herb | 7月28日至8月1日 | 超强台风 | 935 | 55 | 登陆台湾基隆、福建福清 | 红 | 1 | 0 | 2 | 1 | 1 | 33.5 | 86 |
| 11 | 9711 | Winnie | 8月16日至8月19日 | 超强台风 | 920 | 60 | 登陆浙江温岭 | 红 | 9 | 2 | 1 | 0 | 10 | 197.7 | 236 |
| 12 | 0014 | 桑美Saomei | 9月13日至9月14日 | 超强台风 | 920 | 60 | 西转向 | 红 | 2 | 1 | 0 | 3 | 5 | 40.0 | 0 |

（续表）

| 序号 | 中央气象台编号 | 中英文名称 | 影响时间 | 强度 | 中心气压极值/hPa | 最大风速极值/(m/s) | 台风类型 | 风暴潮警报级别 | 潮位站超警戒情况/个 | | | | | 直接经济损失/亿元 | 死亡（含失踪）人数 |
|---|---|---|---|---|---|---|---|---|---|---|---|---|---|---|---|
| | | | | | | | | | 超红色警戒潮位 | 超橙色警戒潮位 | 超黄色警戒潮位 | 超蓝色警戒潮位 | 增水超1m | | |
| 13 | 0121 | 海燕Haiyan | 10月16日至10月17日 | 台风 | 965 | 40 | 西转向 | 红 | 1 | 1 | 4 | 1 | 2 | — | — |
| 14 | 0216 | 森拉克Sinlaku | 9月7日至9月8日 | 强台风 | 950 | 45 | 登陆温州苍南 | 红 | 5 | 2 | 3 | 0 | 9 | 29.60 | 30 |
| 15 | 0414 | 云娜Rananim | 8月11日至8月13日 | 强台风 | 950 | 45 | 登陆浙江温岭 | 红 | 1 | 0 | 0 | 0 | 9 | 11.52 | 22 |
| 16 | 0515 | 卡努Khanun | 9月11日至9月12日 | 强台风 | 945 | 50 | 登陆浙江台州路桥区 | 红 | 1 | 1 | 0 | 0 | 3 | 18.18 | 3 |
| 17 | 0604 | 碧利斯Bilis | 7月13日至7月14日 | 强热带风暴 | 975 | 30 | 登陆台湾宜兰、福建霞浦 | 红 | 1 | 1 | 3 | 1 | 6 | 6.93 | 0 |
| 18 | 1312 | 潭美Trami | 8月19日至8月22日 | 台风 | 956 | 35 | 登陆福建福清 | 红 | 4 | 4 | 8 | 2 | 10 | 4.41 | 0 |
| 19 | 1323 | 菲特Fitow | 10月5日至10月7日 | 强台风 | 945 | 45 | 登陆福建福鼎 | 红 | 5 | 3 | 3 | 9 | 12 | 23.38 | 0 |
| 20 | 1521 | 杜鹃Dujuan | 9月26日至9月30日 | 超强台风 | 930 | 58 | 登陆台湾宜兰、福建莆田 | 红 | 1 | 5 | 3 | 2 | 4 | 0.20 | 0 |
| 21 | 1808 | 玛莉亚Maria | 7月10日至7月11日 | 超强台风 | 925 | 58 | 登陆福建连江 | 红 | 2 | 2 | 4 | 1 | 11 | 4.35 | 0 |
| 22 | 1814 | 摩羯Yagi | 8月10日至8月13日 | 强热带风暴 | 985 | 25 | 登陆浙江温岭 | 红 | 2 | 7 | 10 | 3 | 2 | 0.17 | 0 |

"—"表示未收集到数据。

1）6008号台风风暴潮灾害（红色）

6008号台风（Trix）于1960年8月8日（农历六月十六）09时在台湾基隆沿海登陆，登陆时台风近中心最大风力15级（50 m/s），中心气压965 hPa，强度为强台风；后转西南偏南方向移动，9日06时在福建漳浦再次登陆，登陆时台风近中心最大风力11级（30 m/s），中心气压980 hPa，强度为强热带风暴，登陆后向西南方向移动。

受其影响，浙江省沿海有3个站的最大增水超过1.0 m，温州站增水最大，为2.38 m；有3个站的最高潮位超过当地警戒潮位，其中1个站超过当地蓝色警戒潮位，1个站超过当地橙色警戒潮位，1个站超过当地红色警戒潮位，坎门站的最高潮位超过当地红色警戒潮位0.15 m（图3.2和图3.3）。

浙江省死亡（含失踪）291人。农田受淹$6 \times 10^3$ hm$^2$；倒房1.51万间。永嘉县城上塘镇受淹，积水最深处达1.82 m。

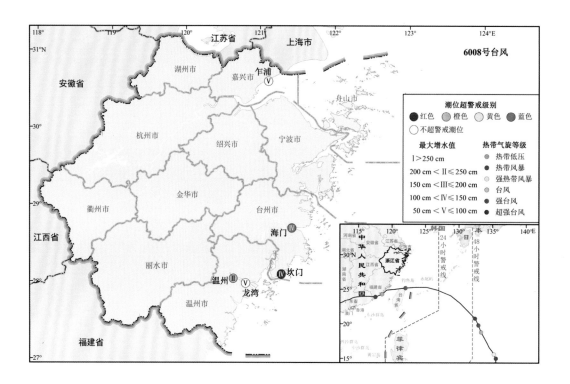

图3.2 6008号台风期间浙江沿海潮位站风暴潮超警戒等级与风暴增水等级

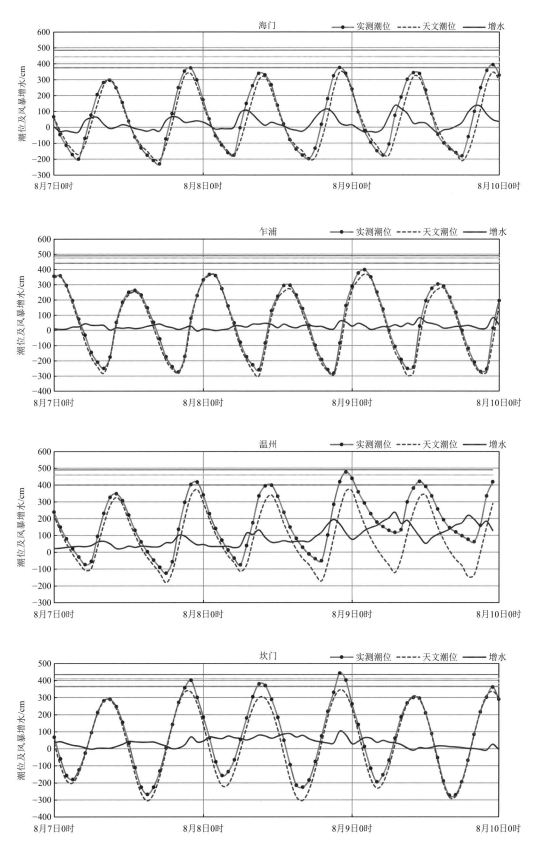

图3.3　6008号台风期间浙江沿海代表潮位站实测潮位、天文潮位和风暴增水随时间变化

2）6911号台风风暴潮灾害（红色）

6911号台风（Elsie）于1969年9月27日（农历八月十六日）02—03时登陆台湾省花莲县沿海，登陆时台风近中心最大风力14级（45 m/s），中心气压931 hPa，强度为台风。同日13时在福建省晋江沿海登陆，登陆时台风近中心最大风力11级，中心气压965 hPa，强度为强热带风暴。

受其影响，浙江省沿海有6个站的最大增水超过1.0 m，温州站增水最大，为2.15 m；有6个站的最高潮位超过当地警戒潮位，其中1个站出现超过当地蓝色警戒潮位的高潮位，4个站出现超过当地黄色警戒潮位的高潮位，1个站出现超过当地红色警戒潮位的高潮位，坎门站的最高潮位超过当地红色警戒潮位0.26 m（图3.4和图3.5）。

未收集到浙江省沿海地区灾情资料。

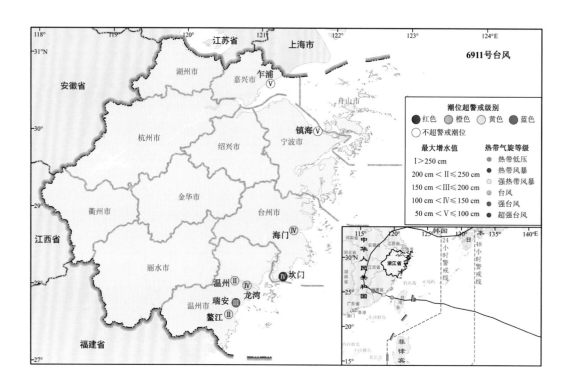

图3.4　6911号台风期间浙江沿海潮位站风暴潮超警戒等级与风暴增水等级

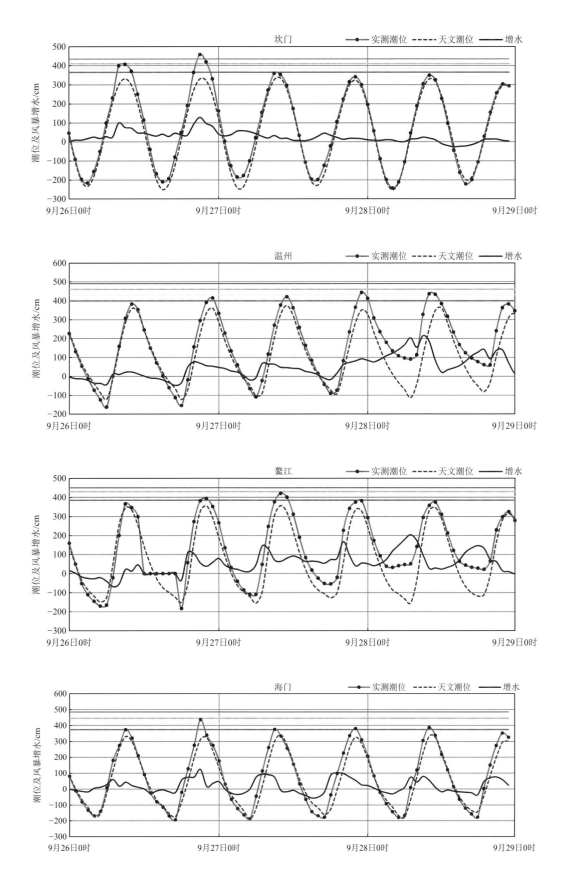

图3.5　6911号台风期间浙江沿海代表潮位站实测潮位、天文潮位和风暴增水随时间变化

### 3）7413号台风风暴潮灾害（红色）

7413号台风（Mary）于1974年8月20日（农历七月初三）00时在浙江省三门县沿海登陆，登陆时台风近中心最大风力12级（33 m/s），中心气压974 hPa，强度为台风。登陆后向西南方向移动，21日02时折向东南方向移动，在温州附近减弱为低气压。

受其影响，浙江省沿海有5个站的最大增水超过1.0 m，澉浦站增水最大，为2.46 m；有9个站的最高潮位超过当地警戒潮位，其中3个站超过当地黄色警戒潮位，4个站超过当地橙色警戒潮位，2个站超过当地红色警戒潮位，澉浦站的最高潮位超过当地红色警戒潮位0.11 m（图3.6）。

浙江省死亡（含失踪）200人，直接经济损失6.13亿元。除衢州地区外的其他地方都遭受不同程度的灾害损失，受灾严重的有萧山、绍兴、上虞、宁海、临海、黄岩、三门等8个县。钱塘江南岸一线百余千米海塘遭到严重破坏，江堤、海塘决口2 641处，大片农田被海水淹没，受淹面积 $5.3 \times 10^4$ hm²，受淹盐田 $7.2 \times 10^3$ hm²；撞毁和严重损毁的小渔船有2 340艘；11万尾养殖对虾、100 t贻贝被冲走；2.26万间房屋、455座桥梁倒塌。

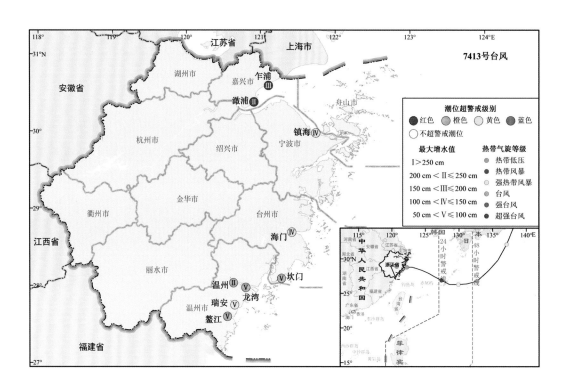

图3.6　7413号台风期间浙江沿海潮位站风暴潮超警戒等级与风暴增水等级

### 4）8114号台风风暴潮灾害（红色）

8114号台风（Agnes）于1981年8月27日（农历七月廿八）在太平洋上形成并发展为强台风后，一直朝西北方向移动，逐渐向浙江省沿海靠近，并紧擦浙江省沿海缓慢北上。过程最强台风近中心最大风力14级（45 m/s），中心气压949 hPa，强度为强台风。

受其影响，浙江省沿海有5个站的最大增水超过1.0 m，澉浦站增水最大，为1.59 m；有8个站的最高潮位超过当地警戒潮位，其中4个站超过当地蓝色警戒潮位，2个站超过当地黄色警戒潮位，1个站超过当地橙色警戒潮位，1个站超过当地红色警戒潮位，镇海站的最高潮位超过当地红色警戒潮位0.06 m（图3.7和图3.8）。

浙江省死亡（含失踪）42人，89人受伤，直接经济损失超过0.3亿元；2 189处江堤、海塘决口，长307.3 km，397处其他水利工程损坏；$2.07 \times 10^4$ hm$^2$农田受淹；2.66万间房屋倒塌，1.22万间房屋损坏；损失食盐$4.12 \times 10^4$ t；潮水冲走、损坏船只477艘（其中舟山地区380艘）；冲毁桥梁90座。舟山市死亡5人，直接经济损失0.3亿元，定海城区受潮水侵袭，岱山港潮位高出路面0.7 m，海水漫至岱山县人民政府机关外。

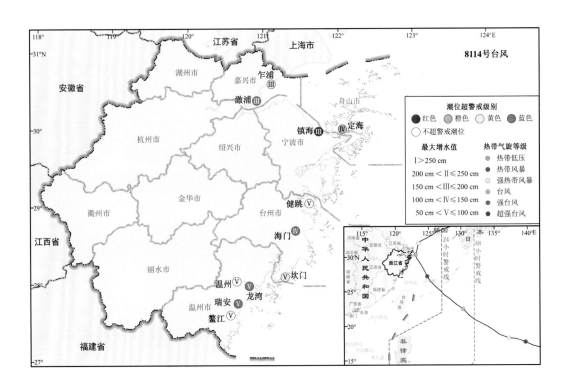

图3.7 8114号台风期间浙江沿海潮位站风暴潮超警戒等级与风暴增水等级

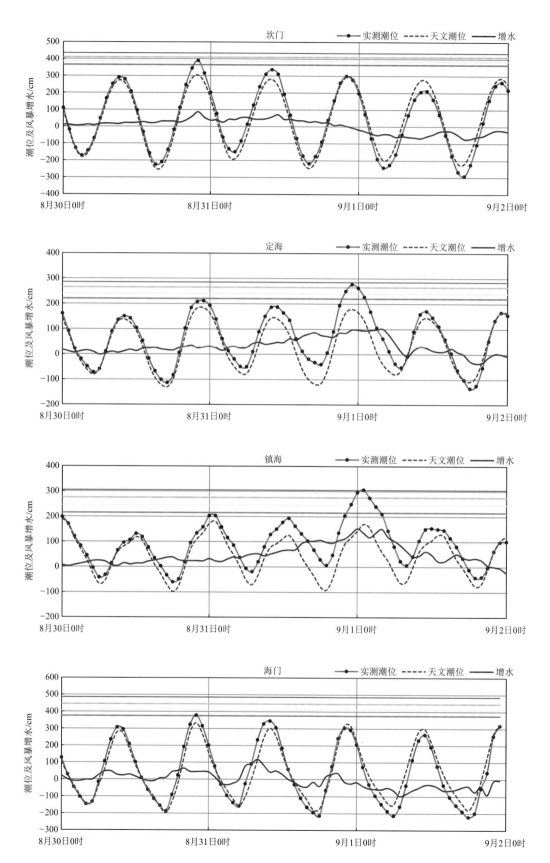

图3.8　8114号台风期间浙江沿海代表潮位站实测潮位、天文潮位和风暴增水随时间变化

5) 8310号台风风暴潮灾害（红色）

8310号台风（Forrest）于1983年9月24—27日（农历八月十八至八月廿一）沿台湾以东洋面和东海北上后转向东北方向移动，逐渐发展为超强台风，过程最强台风近中心最大风力16级（55 m/s），中心气压930 hPa。

受其影响，浙江省沿海有9个站增水超过1.0 m，澉浦站增水最大，为2.16 m；有9个站的最高潮位超过当地警戒潮位，其中6个站超过当地蓝色警戒潮位，1个站超过当地黄色警戒潮位，1个站超过当地橙色警戒潮位，1个站超过当地红色警戒潮位，坎门站的最高潮位超过当地红色警戒潮位0.31 m（图3.9和图3.10）。

浙江省死亡（含失踪）58人，224人受伤，直接经济损失1.0亿元；2.1×10⁴ hm²农田受淹；千余处海塘损毁，50 km堤坝损毁；222艘渔船损坏；5.79×10³ t原盐被冲走；4 800间房屋倒塌。

浙江省死亡（含失踪）58人，224人受伤，直接经济损失1.0亿元；$2.1 \times 10^4$ hm²农田受淹；千余处海塘损毁，50 km堤坝损毁；222艘渔船损坏；$5.79 \times 10^3$ t原盐被冲走；4 800间房屋倒塌。

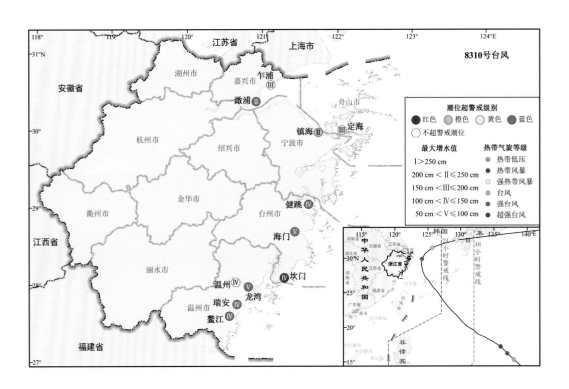

图3.9　8310号台风期间浙江沿海潮位站风暴潮超警戒等级与风暴增水等级

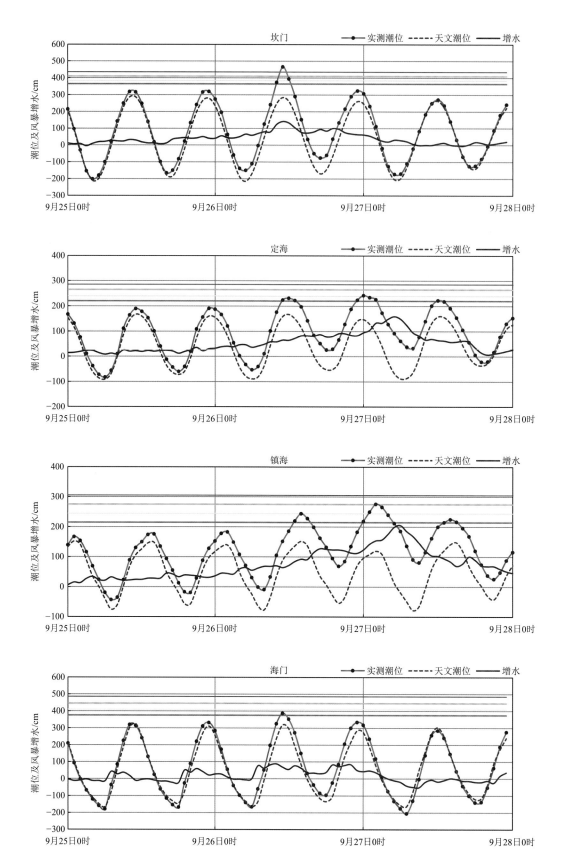

图3.10　8310号台风期间浙江沿海代表潮位站实测潮位、天文潮位和风暴增水随时间变化

6）8923号台风风暴潮灾害（红色）

8923号台风（Vera）于1989年9月15日（农历八月十六）19—20时在浙江省温岭县松门镇登陆，登陆时台风近中心最大风力12级（35 m/s），中心气压975 hPa，强度为台风，是其发展过程中的最强强度。台风登陆后继续向西北方向移动，经过台州、绍兴、杭州、湖州地区，16日07时50分移出浙江省进入安徽省。

受其影响，浙江省沿海有3个站的最大增水超过1.0 m，海门站增水最大，为1.67 m；有10个站的最高潮位超过当地警戒潮位，其中5个站出现超过当地蓝色警戒潮位的高潮位，3个站出现超过当地黄色警戒潮位的高潮位，1个站出现超过当地橙色警戒潮位的高潮位，1个站出现超过当地红色警戒潮位的高潮位，海门站的最高潮位超过当地红色警戒潮位0.37 m（图3.11和图3.12）。

浙江省死亡（含失踪）203人，直接经济损失13.6亿元。其中175人死亡，28人失踪，696人重伤，3.38万人无家可归；$3.46 \times 10^5$ hm²农田受淹，$1.53 \times 10^5$ hm²农作物成灾，$1.57 \times 10^4$ hm²农作物绝收，粮食减产$2.9 \times 10^9$ kg，损失粮食$6.4 \times 10^8$ kg；46 724间房屋倒塌，86 364间房屋损坏；4 000余处江堤、海塘毁坏，总长429 km；2 276座塘坝等设施损坏；大小2 094艘船只沉损。海岸防护工程损失约2.1亿元。

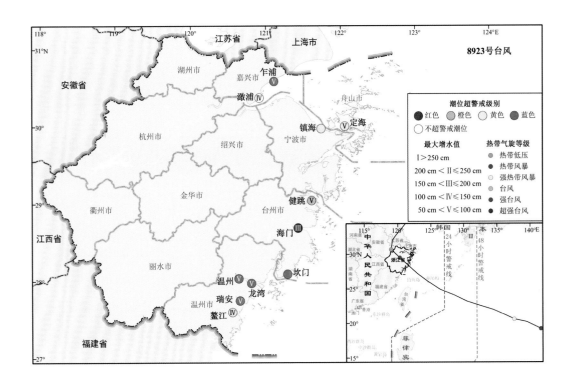

图3.11　8923号台风期间浙江沿海潮位站风暴潮超警戒等级与风暴增水等级

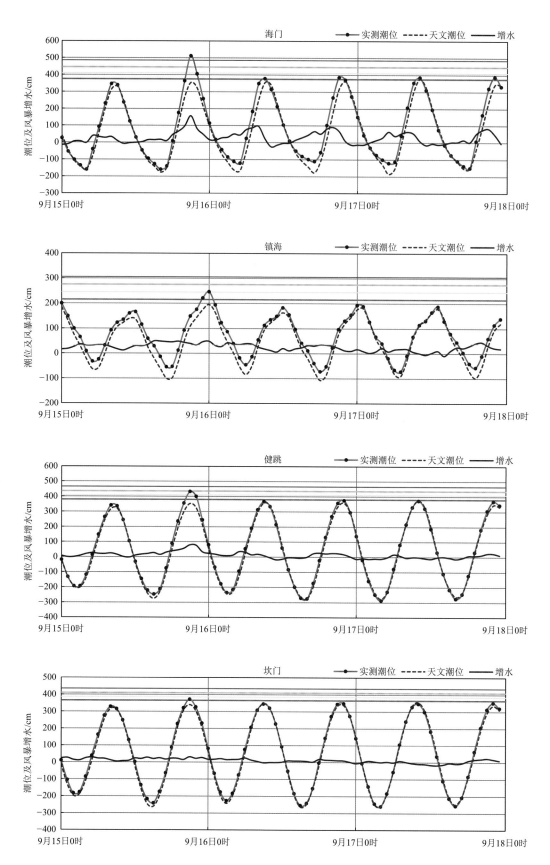

图3.12　8923号台风期间浙江沿海代表潮位站实测潮位、天文潮位和风暴增水随时间变化

台州和宁波地区的大多数县（市）受灾，其中台州洪涝面积$7.73 \times 10^4$ hm²，海潮淹没农田$2.36 \times 10^4$ hm²（图3.13）；死亡164人；房屋倒塌1.98万间；船只损毁2 149只；冲坏江堤、海塘224 km；直接经济损失8.1亿元。受灾最严重的椒江、温岭、玉环、黄岩、临海和三门等县（市）多条堤坝海塘损毁，发生大面积海水倒灌；椒江市区进水深1~2 m，海门港两岸所有仓库进水，海水涌入台州电厂，工厂被迫停电。

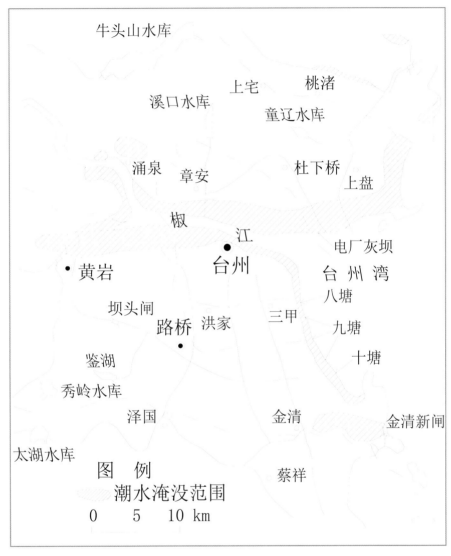

图3.13　8923号台风台州潮水淹没范围

7) 9005号台风风暴潮灾害 (红色)

9005号台风 (Ofelia) 于1990年6月23日 (农历闰五月初一) 13时在台湾花莲—新港一带登陆, 登陆时台风近中心最大风力13级 (40 m/s), 中心气压965 hPa, 强度为台风, 也是其发展过程中的最强强度。台风穿过台湾岛后, 于24日04时在福建省福鼎县再次登陆, 台风近中心最大风力10级 (25 m/s), 中心气压980 hPa, 强度为强热带风暴。

受其影响, 浙江省沿海有6个站最大增水超过1.0 m, 鳌江站增水最大, 为2.04 m; 有8个站的最高潮位超过当地警戒潮位, 其中3个站出现超过当地蓝色警戒潮位的高潮位, 1个站出现超过当地黄色警戒潮位的高潮位, 2个站出现超过当地橙色警戒潮位的高潮位, 2个站出现超过当地红色警戒潮位的高潮位, 龙湾站的最高潮位超过当地红色警戒潮位0.26 m (图3.14和图3.15)。

浙江省死亡 (含失踪) 32人, 直接经济损失4.60亿元。温州市、台州地区及宁波、舟山市部分地区455万人受灾, 32人死亡; 受灾农田面积8.8×10⁴ hm², 成灾4.9×10⁴ hm², 倒房5 815间, 损坏江堤、海塘209 km, 损坏船只1 013艘。

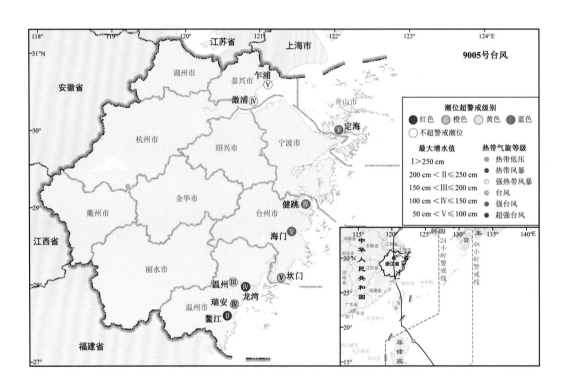

图3.14    9005号台风期间浙江沿海潮位站风暴潮超警戒等级与风暴增水等级

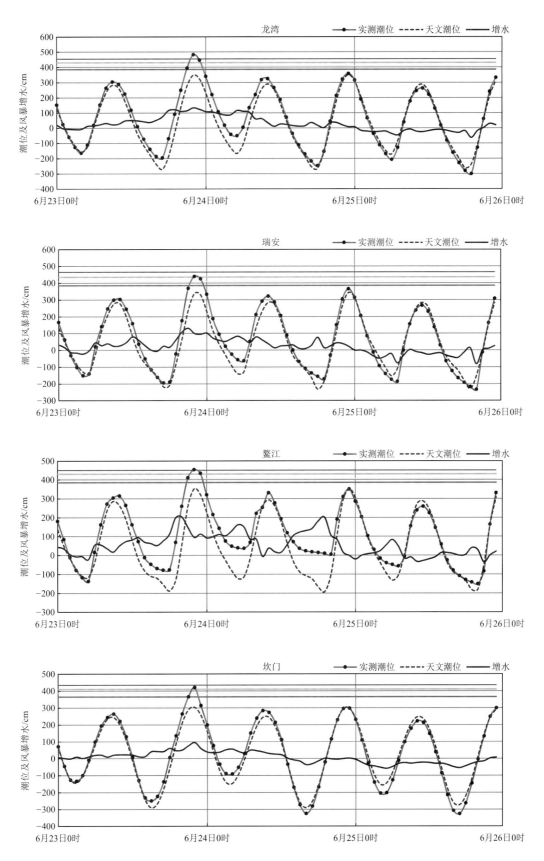

图3.15　9005号台风期间浙江沿海代表潮位站实测潮位、天文潮位和风暴增水随时间变化

## 8）9216号台风风暴潮灾害（红色）

9216号台风（Polly）于1992年8月30日（农历八月初三）13—14时登陆台湾花莲，登陆时台风近中心最大风力11级（30 m/s），中心气压975 hPa，强度为强热带风暴。31日06时在福建省长乐县再次登陆，登陆时台风近中心最大风力10级（25 m/s），中心气压978 hPa，强度为强热带风暴。

受其影响，浙江省沿海有6个站最大增水超过1.0 m，温州站增水最大，为2.55 m；有9个站的最高潮位超过当地警戒潮位，其中2个站出现超过当地蓝色警戒潮位的高潮位，4个站出现超过当地黄色警戒潮位的高潮位，1个站出现超过当地橙色警戒潮位的高潮位，2个站出现超过当地红色警戒潮位的高潮位，鳌江站的最高潮位超过当地红色警戒潮位0.3 m（图3.16和图3.17）。

浙江省死亡（含失踪）157人，直接经济损失35.2亿元。浙江省11个地市中有58个县受灾，共有1 032.88万人受灾，$4.69 \times 10^5$ hm²农田受灾，$2.79 \times 10^5$ hm²农田成灾，2.92万间房屋倒塌，546 km江堤、海塘受损；9 196家企业停产、半停产。由于海堤被毁，致使海水倒灌，沿海、沿江一片汪洋，温州市区以及永嘉、瑞安等7县市，台州地区临安市、黄岩市等城区进水，水深达1.2～2.4 m；许多乡镇、村庄被潮水（洪水）围困，大面积农田和虾塘、鱼塘被淹，受淹时间近48 h，沿海地区受淹长达72 h，损失非常严重。

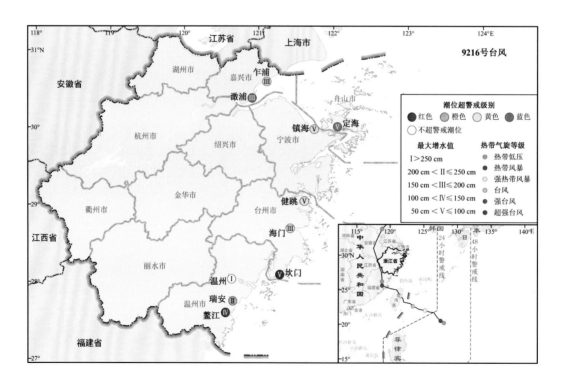

图3.16　9216号台风期间浙江沿海潮位站风暴潮超警戒等级与风暴增水等级

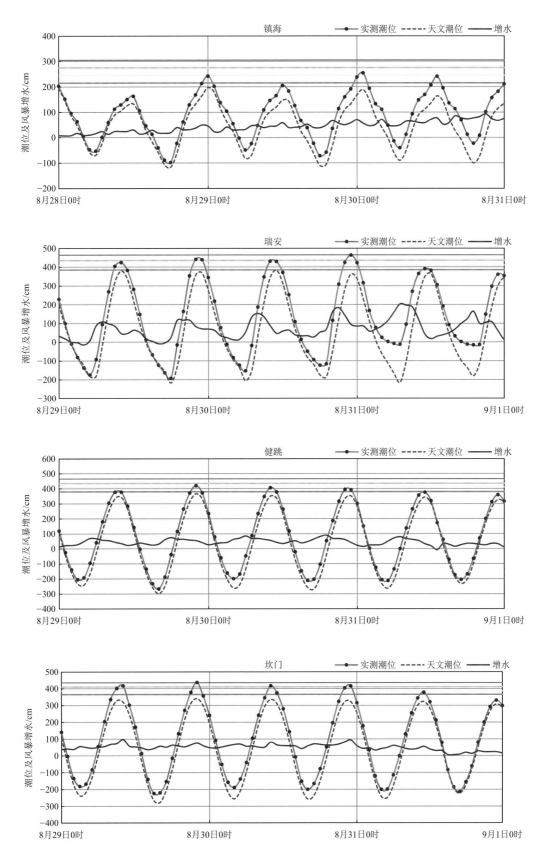

图3.17 9216号台风期间浙江沿海代表潮位站实测潮位、天文潮位和风暴增水随时间变化

乐清市乐成镇最高水位达5.42 m，全市31个乡镇受灾，95.36万人受灾，被围困人数达17 800人；4 565间房屋损坏，348间倒塌；4人死亡，1人失踪，6人受伤；$2.7 \times 10^4$ hm²农田受淹，70 hm²盐田、380 hm²虾塘被毁，损失中华虾$3.9 \times 10^5$ kg；565头牲畜死亡；44 km公路被冲毁；470家企业停产，损失560万元。因灾直接损失327万元，其中水利设施损失1 051万元。

永嘉县环城西路一带居民区进水，水深0.75 m，其他地区水深0.2 m；8月30日前后，沿海高潮位达0.5 m，七都镇300 m海堤决口，潮水涌入，全岛被淹4天4夜，全县14.65万人被洪水围困48～72 h；82间房屋倒塌，485间损坏；1人死亡；$1.53 \times 10^4$ hm²农田受淹；1 500家企业停产；交通被迫中断3天。全县直接经济损失1.04亿元，其中水利工程损失986万元。

洞头县2人死亡，1人受伤；大门镇岩头村海堤被冲垮，全县9个村、513户居民被海水围困，紧急转移1 800人；47艘渔船、3 244张网具、41.3 hm²紫菜养殖区受损；37座大小码头、1座桥梁损坏；76 hm²农田受淹。直接经济损失536万元，其中水利设施损失17万元。

温州市瓯海区2人死亡，12人受伤，永强堤防几乎全部损毁，直接经济损失1 029万元。温州市龙湾区直接经济损失1 960万元。

平阳县62.5万人受灾，43.1万人成灾，1.2万人无家可归，8人死亡，15人受伤；$2.1 \times 10^4$ hm²农田被淹，4 000 hm²农田绝收；3 980间房屋倒塌；173个村庄共16.5万人遭洪水围困。因灾直接经济损失1.59亿元。

苍南县42个乡镇、746个行政村受灾，受灾人口达67.1万人，成灾49.7万人，2 046人无家可归；106个村庄、11.08万人被洪水围困；5人死亡，117人受伤；511户、1 450间民房倒塌，877户、2 820间民房损坏；堤防被冲毁26 km，121处堤防发生决口，长1 682 km；68处护岸、8座水闸、9 km渠道受损；$1.87 \times 10^4$ hm²水稻被淹；146艘渔船沉损；10座码头、310 hm²虾塘、50 km公路损毁。全县直接经济损失1.3亿元。

宁海县13.87万人受灾，2人死亡；3.8 km海塘被冲毁，直接经济损失5 200万元；奉化县8人死亡，70人受伤。象山县62条总长16.98 km的海塘被损毁。

舟山市普陀、岱山两城区遭海水侵袭；1人死亡，直接经济损失3 215万元。

### 9）9417号台风风暴潮灾害（红色）

9417号台风（Fred）于1994年8月21日（农历七月十五）22—23时在浙江省瑞安市梅头镇登陆，近中心最大风力13级（40 m/s），中心气压960 hPa，强度为台风。

受其影响，浙江省沿海有9个站最大增水超过1.0 m，瑞安站增水最大，为2.94 m；有11个站的最高潮位超过当地警戒潮位，其中2个站出现超过当地蓝色警戒潮位的高潮位，2个站出现超过当地黄色警戒潮位的高潮位，2个站出现超过当地橙色警戒潮位的高潮位，5个站出现超过当地红色警戒潮位的高潮位，龙湾站的最高潮位超过当地红色警戒潮位1.04 m（图3.18和图3.19）。

"Fred"台风登陆时正值农历七月十五日天文大潮期，所引起的大潮、巨浪与狂风并发，在浙江省沿海造成罕见的特大风暴灾害。受其影响，浙江省死亡（含失踪）1 216人，直接经济损失高达131.51亿元。全省有$5.0 \times 10^4$ hm²农田被潮水淹没，其中温州$4.2 \times 10^4$ hm²，台州8 100 hm²；潮水冲毁淹没对虾塘$4.7 \times 10^7$ hm²；10万余间房屋倒塌，86万余间房屋遭到损坏；520.7 km海塘损毁，3 421处堤塘决口，长243 km；1 757艘船只损坏；66 547家企业停产；298条公路中断，4 681 km输电线路、2 397 km通信线路损坏；损失粮食$8.7 \times 10^4$ t，粮食减产$6.74 \times 10^5$ t。

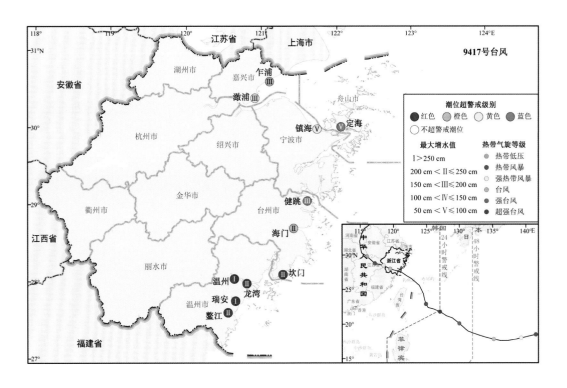

图3.18　9417号台风期间浙江沿海潮位站风暴潮超警戒等级与风暴增水等级

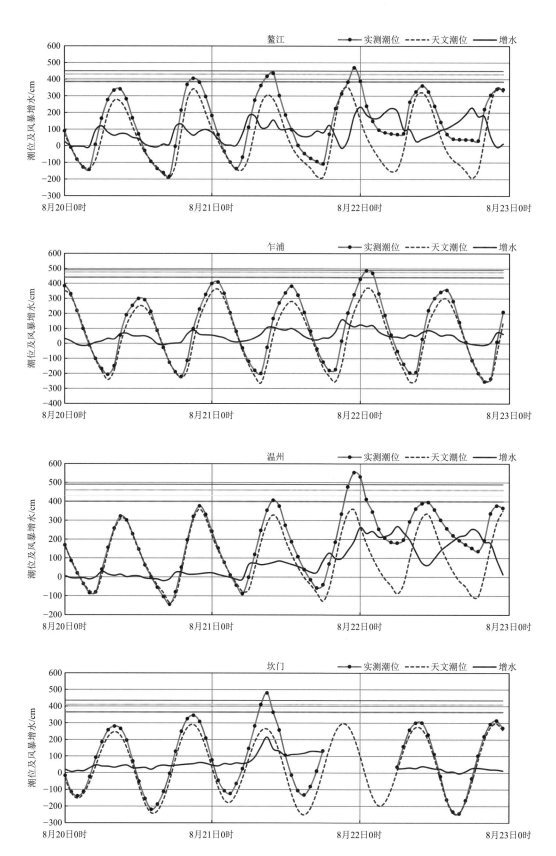

图3.19　9417号台风期间浙江沿海代表潮位站实测潮位、天文潮位和风暴增水随时间变化

　　温州市沿海灾难惨重，特大海潮伴随巨浪以排山倒海之势突袭这一带沿海，由于潮高浪大导致多数海塘、海堤被冲毁，发生大面积的海水漫滩（图3.20），温州市区沿瓯江一带平地水深达1.5～2.5 m；龙湾区的省扶贫开发区进水深达2.0～3.0 m。温州机场因堤防溃决，候机厅潮水深达1.5 m，通信电缆进水，致使机场停航12天，机场跑道潮水退后留下的漂浮物（包括溺亡牲畜）重达数百吨。温州电厂机房因进水停产。海水淹没最严重的岸段是瑞安至乐清一带沿海，淹没范围一般为沿海纵深1.0 km的地带，淹没范围最大的瑞安飞云江北岸，向陆地深入达7.0 km；瑞安、永嘉、乐清县（市）一带沿海潮水深达1.5～3.0 m。位于瓯江口的七都岛、江心屿、灵昆岛均被潮水淹没，岛上水深2.0～3.0 m。

　　温州市、台州地区共有461 km海塘损坏，其中温州326 km，台州135 km。温州市标准海塘全长122.6 km，全部毁坏27.23 km，严重损坏23.71 km，一般损坏8.59 km；一般海塘全长334.98 km，全部毁坏139 km，严重损坏70.49 km，一般损坏57.42 km。台州地区标准海塘74.47 km，全部毁坏3.31 km，严重损坏10.53 km，一般损坏25.65 km；一般海塘全长139.1 km，全部毁坏13.5 km，严重毁坏11.01 km，一般损坏70.61 km。宁波和舟山的一些海塘也遭到不同程度的损坏，其中宁波为62 km，舟山为7.7 km。

图3.20　9417号台风温州潮水淹没范围

10）9608号台风风暴潮灾害（红色）

9608号台风（Herb）于1996年7月31日（农历六月十六）22时在台湾基隆沿海登陆，登陆时台风近中心最大风力14级（45 m/s），中心气压950 hPa，强度为强台风。8月1日10时左右在福建省福清县附近沿海再次登陆，登陆时台风近中心最大风力12级（33 m/s），中心气压970 hPa，强度为台风。

受其影响，浙江省沿海坎门站最大增水超过1.0 m，为1.56 m；有4个站的最高潮位超过当地警戒潮位，其中1个站出现超过当地蓝色警戒潮位的高潮位，2个站出现超过当地黄色警戒潮位的高潮位，1个站出现超过当地红色警戒潮位的高潮位，坎门站的最高潮位超过当地红色警戒潮位0.55 m（图3.21和图3.22）。

浙江省死亡（含失踪）86人，直接经济损失33.5亿元。全省2 000 hm²耕地被毁；395 km海塘江堤、659 km公路路基、459 km输电线路和714 km通信线路损坏；1.32万家企业停产和部分停产。

温州市11个县（区）、299个乡（镇）受灾，受灾人口达436.55万人，9人死亡；7.36万间房屋损坏；7.9×10⁴ hm²农田受淹，损失粮食1.06×10⁴ t；141.39 km堤防损坏；海潮冲毁水闸46座、桥涵53座，毁坏公路500 km。因灾直接经济损失24亿元。台州市有7个县（市）受灾，经济损失8 492万元。

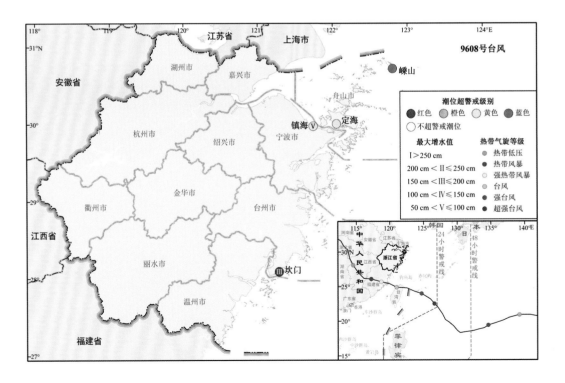

图3.21　9608号台风期间浙江沿海潮位站风暴潮超警戒等级与风暴增水等级

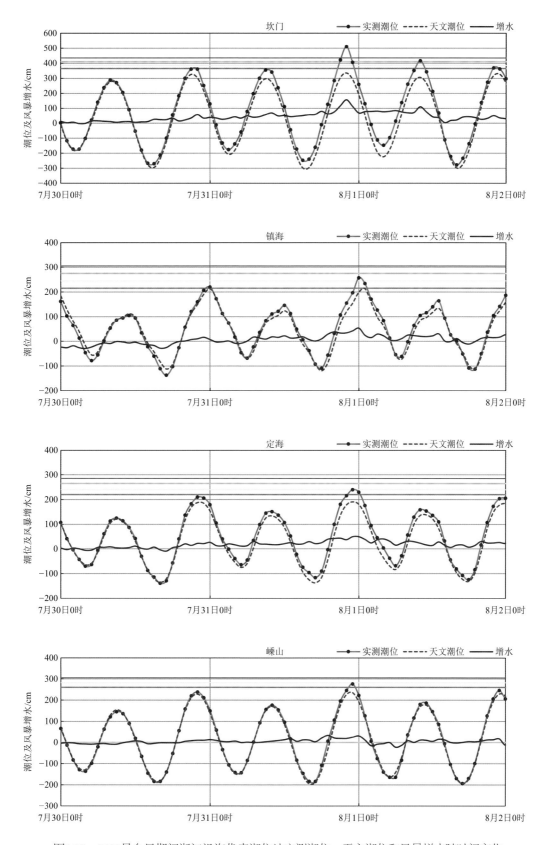

图3.22 9608号台风期间浙江沿海代表潮位站实测潮位、天文潮位和风暴增水随时间变化

11）9711号台风风暴潮灾害（红色）

9711号台风（Winnie）于1997年8月18日（农历七月十六）21—22时在浙江省温岭市石塘镇登陆，登陆时台风近中心最大风力13级（40 m/s），中心气压960 hPa，强度为台风。

受其影响，浙江省有10个站的最大增水超过1.0 m，澉浦站增水最大，为3.43 m；有12个站的最高潮位超过当地警戒潮位，其中1个站出现超过当地黄色警戒潮位的高潮位，2个站出现超过当地橙色警戒潮位的高潮位，9个站出现超过当地红色警戒潮位的高潮位，健跳站的最高潮位超过当地红色警戒潮位0.84 m（图3.23和图3.24）。

浙江省因灾死亡（含失踪）236人，直接经济损失197.7亿元。全省北至钱塘江两岸，南至闽浙交界处，巨浪狂涛排山倒海，千里海堤有的整段被冲毁，沿海平原地区一片汪洋，其成灾范围之广，强度之大，十分罕见。全省11个地市的96个县1 141万人受灾，受灾农田面积6.87×10$^5$ hm$^2$，成灾3.09×10$^5$ hm$^2$，其中因海水倒灌受淹面积6.2×10$^4$ hm$^2$（台州3.5×10$^4$ hm$^2$、宁波2.7×10$^4$ hm$^2$）；台州、宁波南部除了少量新建50年一遇标准海塘外，基本全线损毁，共计2 005 km，其中海塘776 km（温州35.2 km、台州283.2 km、宁波314.3 km、舟山143.5 km）；房屋倒塌8.5万间。

舟山市部分地区因海水倒灌受淹。海水越过滨港路，渔都沈家门顿成泽国，积水深0.8～1.5 m，"小西湖"居民区积水最深处达3 m。舟山市150条海塘遭到不同程度毁坏，其中7条全线溃决。全市5人死亡，直接经济损失25.68亿。

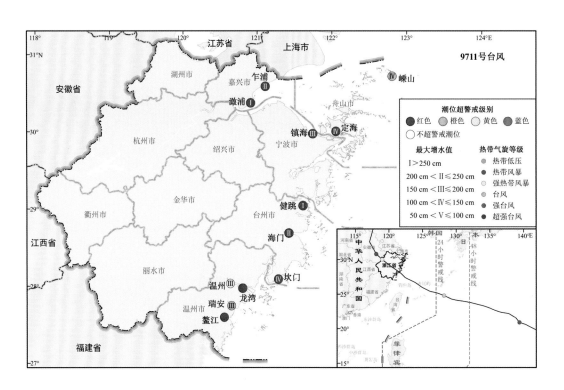

图3.23　9711号台风期间浙江沿海潮位站风暴潮超警戒等级与风暴增水等级

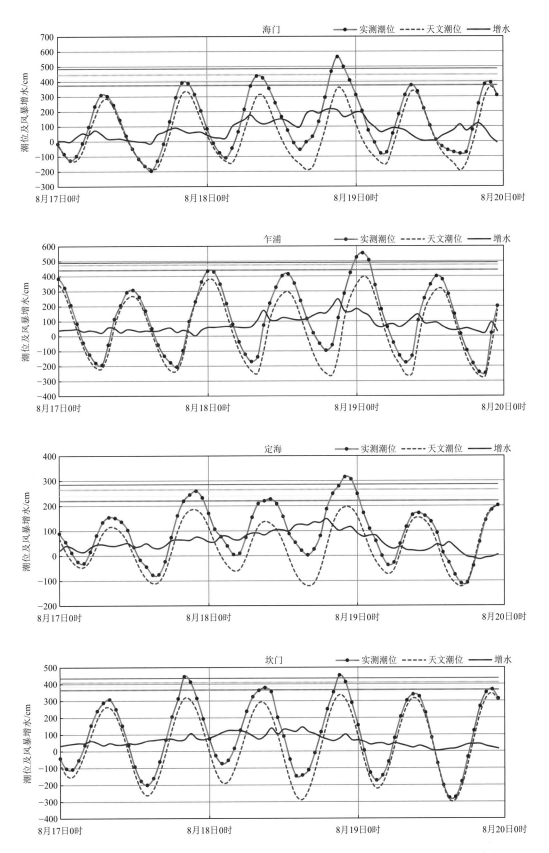

图3.24　9711号台风期间浙江沿海代表潮位站实测潮位、天文潮位和风暴增水随时间变化

12) 0014号台风风暴潮灾害（红色）

0014号台风"桑美"（Saomei）于2000年9月13—15日沿东海北上，14日（农历八月十七）14时台风近中心最大风力14级（45 m/s），中心气压955 hPa，强度为强台风。

受其影响，浙江省有5个站的最大增水超过1.0 m，镇海站增水最大，为1.73 m；有6个站的最高潮位超过当地警戒潮位，其中3个站出现超过当地蓝色警戒潮位的高潮位，1个站出现超过当地橙色警戒潮位的高潮位，2个站出现超过当地红色警戒潮位的高潮位，镇海站的最高潮位超过当地红色警戒潮位0.22 m（图3.25和图3.26）。

浙江省38个县（市、区）、445个乡镇、741万人受灾，农作物受灾$3.90 \times 10^5$ hm²，成灾$3.01 \times 10^5$ hm²，6座县城进水，倒塌房屋1 800间，4 005家企业停产，毁坏公路路基222.7 km，损坏通信线路432.8 km，损坏堤防362.7 km，堤防决口729处、长55.1 km，损坏水闸224座，冲毁塘坝352座，直接经济损失40亿元。其中，宁波16.6亿元，舟山14.7亿元（包含0012号台风风暴潮之后的二次受灾），台州7.3亿元。主要损失是农林牧渔业，为22.8亿元，水利工程直接经济损失6.2亿元。

舟山市区沿江局部地段、岱山县高亭镇、沈家门局部地段及宁波市区沿江局部地段受到潮水侵袭，非标准海塘受损严重，部分房屋倒塌；台风带来的强降雨使宁波市区大面积积水，上虞市永和、谢桥、丰惠等镇的60个村严重受淹；大风使台州市晚稻严重减产、柑橘等经济作物损失严重。

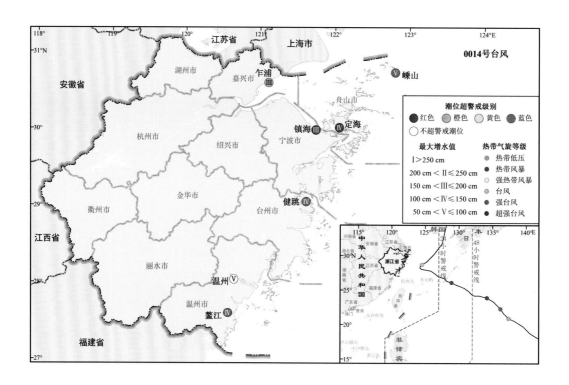

图3.25　0014号台风期间浙江沿海潮位站风暴潮超警戒等级与风暴增水等级

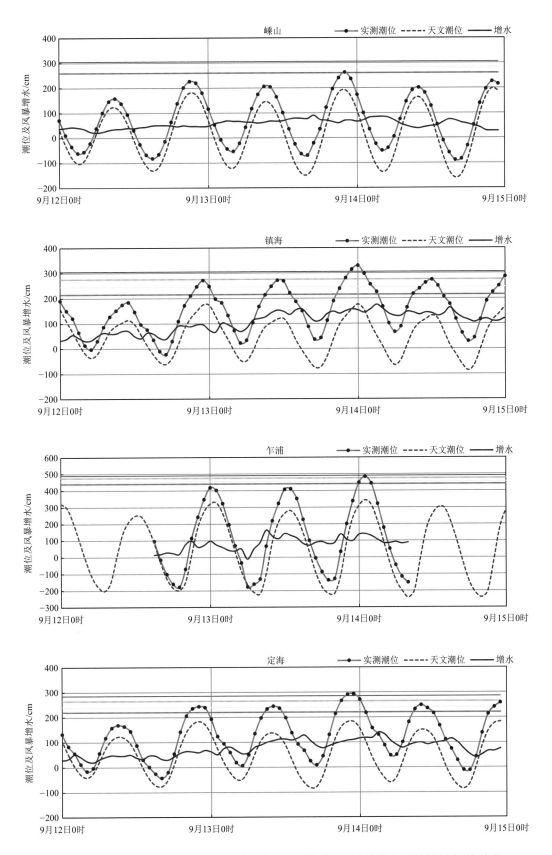

图3.26 0014号台风期间浙江沿海代表潮位站实测潮位、天文潮位和风暴增水随时间变化

### 13）0121号台风风暴潮灾害（红色）

0121号台风"海燕"（Haiyan）于2001年10月16日（农历八月三十）08时进入东海东部，17日转向东北方向移动。16日08时台风近中心最大风力13级（40 m/s），中心气压965 hPa，强度为台风。

受其影响，浙江省有2个站的最大增水超过1.0 m，鳌江站增水最大，为1.83 m；有7个站的最高潮位超过当地警戒潮位，其中1个站出现超过当地蓝色警戒潮位的高潮位，4个站出现超过当地黄色警戒潮位的高潮位，1个站出现超过当地橙色警戒潮位的高潮位，1个站出现超过当地红色警戒潮位的高潮位，鳌江站的最高潮位超过当地红色警戒潮位0.31 m（图3.27）。

未收集到浙江省沿海地区灾情资料。

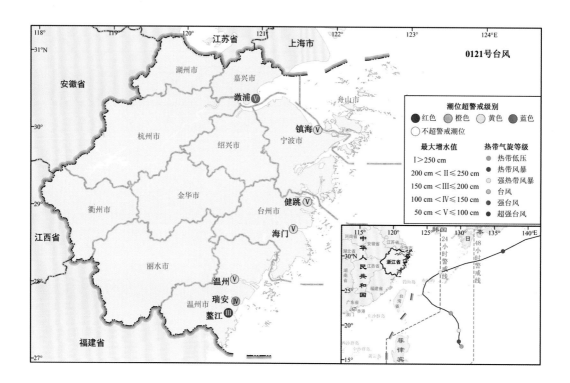

图3.27　0121号台风期间浙江沿海潮位站风暴潮超警戒等级与风暴增水等级

14）0216号台风风暴潮灾害（红色）

0216号台风"森拉克"（Sinlaku）于2002年9月7日（农历八月初一）18—19时在温州市苍南县登陆。登陆时台风近中心最大风力达13级（37 m/s），中心气压965 hPa，强度为台风。

受其影响，浙江省有9个站的最大增水超过1.0 m，鳌江站增水最大，为2.89 m；有10个站的最高潮位超过当地警戒潮位，其中3个站出现超过当地黄色警戒潮位的高潮位，2个站出现超过当地橙色警戒潮位的高潮位，5个站出现超过当地红色警戒潮位的高潮位，鳌江站的最高潮位超过当地红色警戒潮位0.5 m（图3.28和图3.29）。

浙江省因灾死亡（含失踪）30人，直接经济损失29.60亿元。浙江省温州、台州两市台风受灾较严重，其次是宁波、舟山两市，嘉兴、绍兴、丽水等市。全省37个县、417个乡镇、733万人受灾，共转移了50多万人，其中温州市转移人口37万，台州市11.3万。全省受灾农田面积$1.87 \times 10^5$ hm²，成灾$8.83 \times 10^4$ hm²；倒塌房屋0.81万间；水产养殖损失$5.17 \times 10^5$ hm²，损失水产品$2.09 \times 10^5$ t；堤坝659处损坏，长231.6 km，堤防443处决口，长25.3 km；损坏堤塘244 km、护岸1 382处、水闸89座；3 403个工矿企业一度停产。

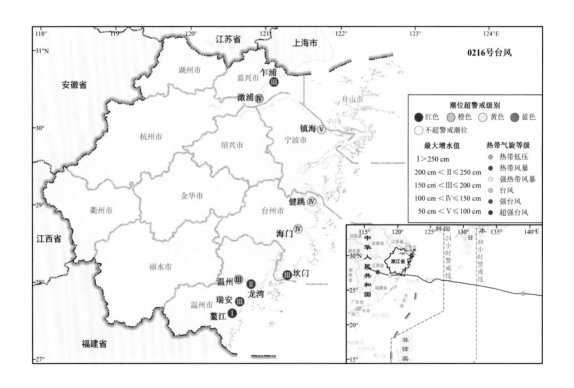

图3.28　0216号台风期间浙江沿海潮位站风暴潮超警戒等级与风暴增水等级

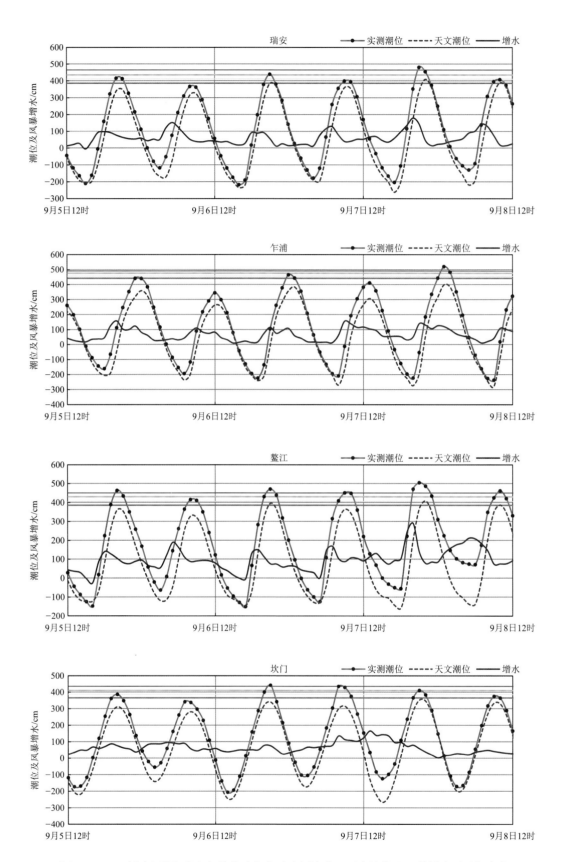

图3.29　0216号台风期间浙江沿海代表潮位站实测潮位、天文潮位和风暴增水随时间变化

15）0414号台风风暴潮灾害（红色）

0414号台风"云娜"（Rananim）于2004年8月12日（农历六月廿七）20时在浙江省温岭市石塘镇登陆，登陆时台风近中心最大风力14级（45 m/s），中心气压950 hPa，强度为强台风。

受其影响，浙江省有9个站的最大增水超过1.0 m，海门站增水最大，为3.22 m；有2个站的最高潮位超过当地警戒潮位，其中1个站出现超过当地黄色警戒潮位的高潮位，1个站出现超过当地红色警戒潮位的高潮位，海门站的最高潮位超过当地红色警戒潮位0.72 m（图3.30和图3.31）。

浙江省因灾死亡（含失踪）22人，直接经济损失11.52亿元。全省有10人受伤；$4.23 \times 10^4$ hm²水产养殖受灾，16 439个海水养殖网箱损毁，水产品损失$1.39 \times 10^5$ t；2 800处堤防损毁，长391.8 km，1 222处堤防决口，长88.2 km；200个码头受损；3 011艘渔船沉损。温州和台州两市沿海地区由于暴雨和沿海潮水暴涨，农田大面积被淹；黄岩、永嘉等县城进水，永嘉县城在2 m深的洪水中浸泡15 h之久；44.4万名群众一度被洪水围困。

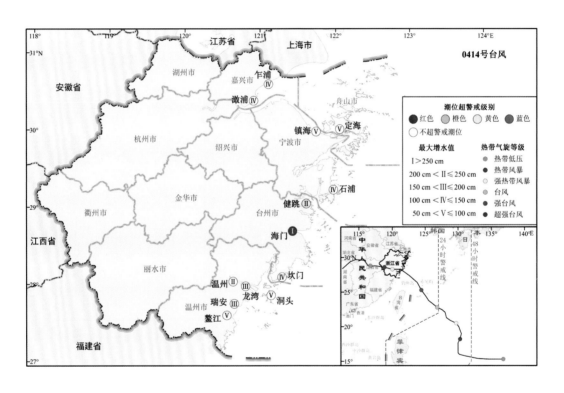

图3.30　0414号台风期间浙江沿海潮位站风暴潮超警戒等级与风暴增水等级

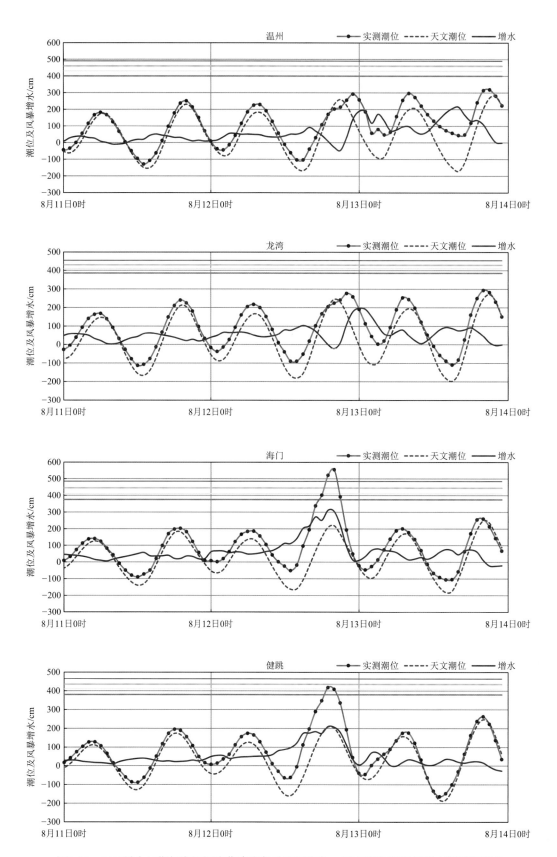

图3.31　0414号台风期间浙江沿海代表潮位站实测潮位、天文潮位和风暴增水随时间变化

16）0515号台风风暴潮灾害（红色）

0515号台风"卡努"（Khanun）于2005年9月11日（农历八月初八）14时50分在浙江省台州市路桥区沿海登陆，登陆时台风近中心最大风力15级（50 m/s），中心气压945 hPa，强度为强台风。先后经过路桥、黄岩、临海、天台、新昌、嵊州、绍兴、余杭、德清、吴兴、长兴等地，于12日04时15分进入江苏省境内。

受其影响，浙江省沿海有3个站的最大增水超过1.0 m，海门站增水最大，为3.16 m；海门站的最高潮位超过当地红色警戒潮位0.11 m（图3.32和图3.33）。

浙江省因灾死亡（含失踪）3人，转移人口105万人，3.7万多艘船只回港，直接经济损失18.18亿元。其中，海洋水产养殖受灾面积4.5×10⁴hm²，水产品损失6.59×10⁴t；110间水产加工厂倒塌；5.39 km防潮堤损毁；2 943艘船只受损。

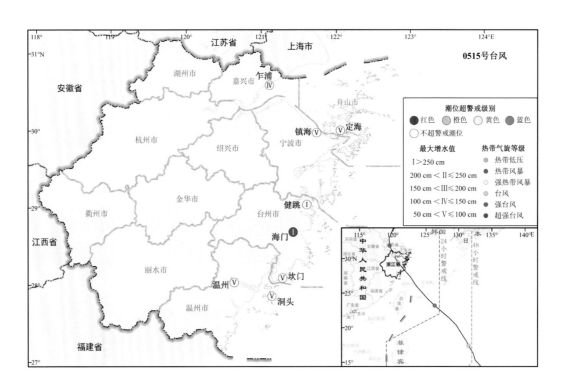

图3.32　0515号台风期间浙江沿海潮位站风暴潮超警戒等级与风暴增水等级

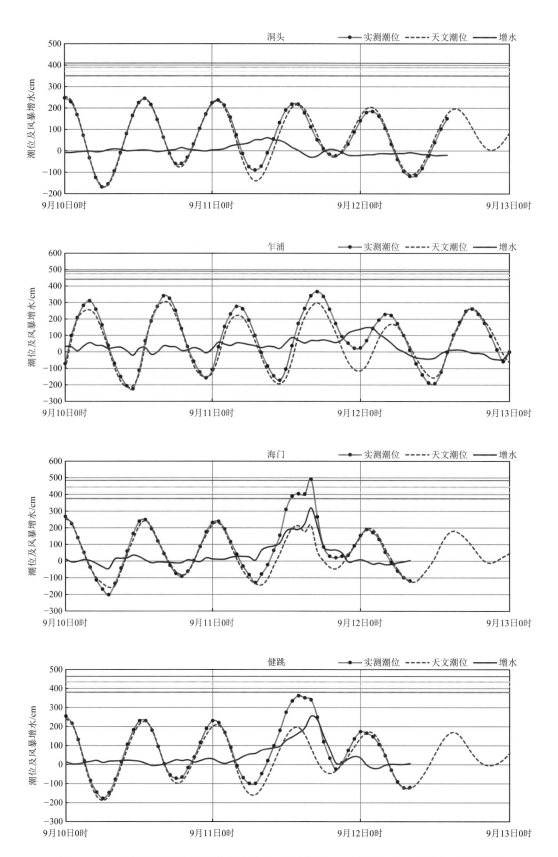

图3.33　0515号台风期间浙江沿海代表潮位站实测潮位、天文潮位和风暴增水随时间变化

17）0604号台风风暴潮灾害（红色）

0604号台风"碧利斯"（Bilis）于2006年7月13日（农历六月十八）22时20分在台湾省宜兰县沿海登陆，登陆时台风近中心最大风力11级（30 m/s），中心气压975 hPa，强度为强热带风暴。登陆后台风向偏西方向移动，穿过台湾北部，后于14日12时50分在福建省霞浦县沿海登陆，登陆时台风近中心最大风力11级（30 m/s），中心气压975 hPa，强度为强热带风暴，登陆后向偏西方向移动，强度减弱为热带风暴。

受其影响，浙江省沿海有6个站的最大增水超过1.0 m，瑞安站增水最大，为1.99 m；有6个站的最高潮位超过当地警戒潮位，其中1个站超过当地蓝色警戒潮位，2个站超过当地黄色警戒潮位，2个站超过当地橙色警戒潮位，1个站超过当地红色警戒潮位，坎门站的最高潮位超过当地红色警戒潮位0.1 m（图3.34和图3.35）。

浙江省174.8万人受灾，直接经济损失6.93亿元。农田淹没5.48 × 10³ hm²；浅海养殖受灾1.89 × 10³ hm²，滩涂养殖受灾1.00 × 10³ hm²，围塘养殖受灾2.51 × 10³ hm²；685万间房屋损毁；420处堤防损坏，长52.9 km；2.13 km防波堤、护岸受损；50座码头毁坏；3.66 km渔港道路毁坏；354艘渔船损坏；3 962只普通网箱损毁，273只深水网箱受损；63座水产育苗场损坏；13处厂房设施损坏，52.8 t加工成品受灾。

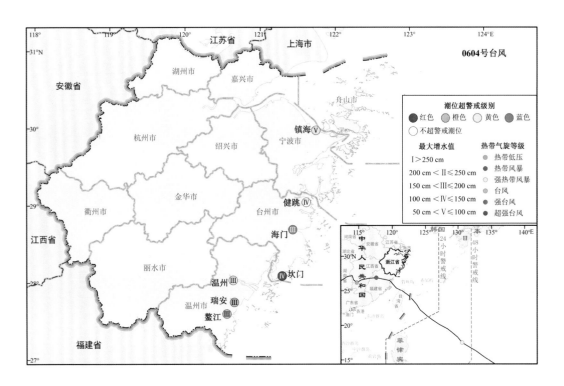

图3.34 0604号台风期间浙江沿海潮位站风暴潮超警戒等级与风暴增水等级

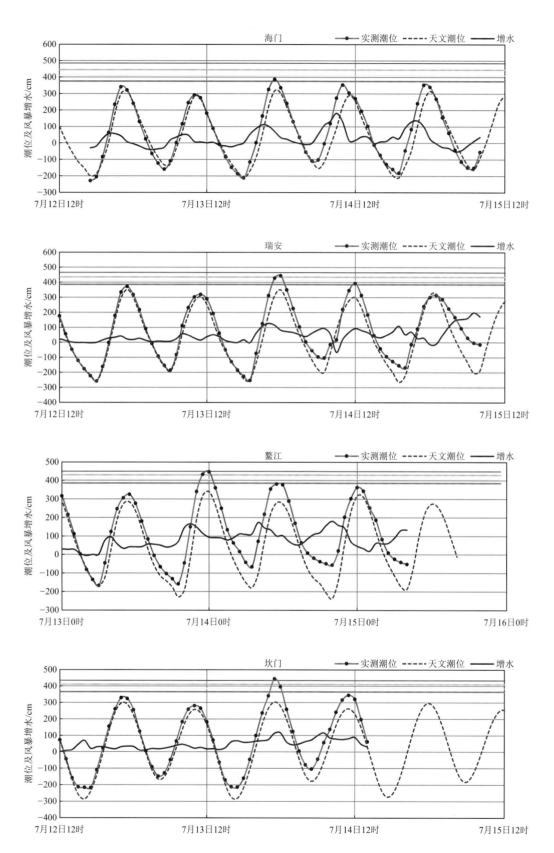

图3.35　0604号台风期间浙江沿海代表潮位站实测潮位、天文潮位和风暴增水随时间变化

18）1312号台风风暴潮灾害（红色）

1312号台风"潭美"（Trami）于2013年8月22日（农历七月十六）03时20分在福建省福清市沿海登陆，登陆时台风近中心最大风力12级（35 m/s），中心气压960 hPa，强度为台风。登陆后转向西北方向移动，强度迅速减弱，23日凌晨转向偏西方向移动，早晨减弱为热带低压，当日夜间消散。

受其影响，浙江省沿海有10个站的最大增水超过1.0 m，鳌江站增水最大，为1.64 m；有18个站的最高潮位超过当地警戒潮位，其中2个站超过当地蓝色警戒潮位，8个站超过当地黄色警戒潮位，4个站超过当地橙色警戒潮位，4个站超过当地红色警戒潮位，坎门站的最高潮位超过当地红色警戒潮位0.44 m（图3.36和图3.37）。

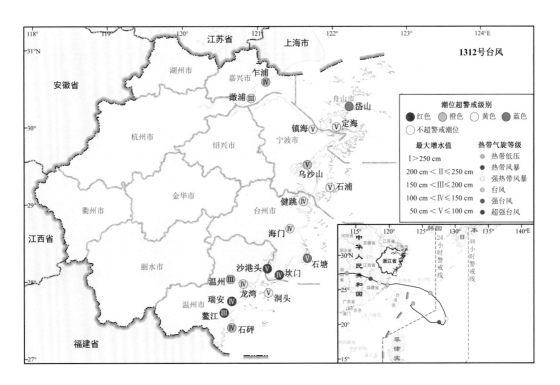

图3.36　1312号台风期间浙江沿海潮位站风暴潮超警戒等级与风暴增水等级

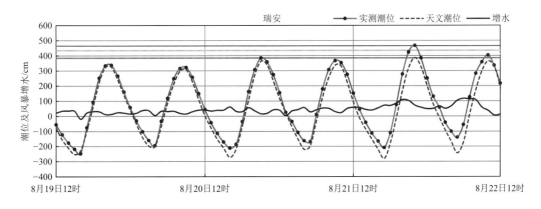

图3.37　1312号台风期间浙江沿海代表潮位站实测潮位、天文潮位和风暴增水随时间变化

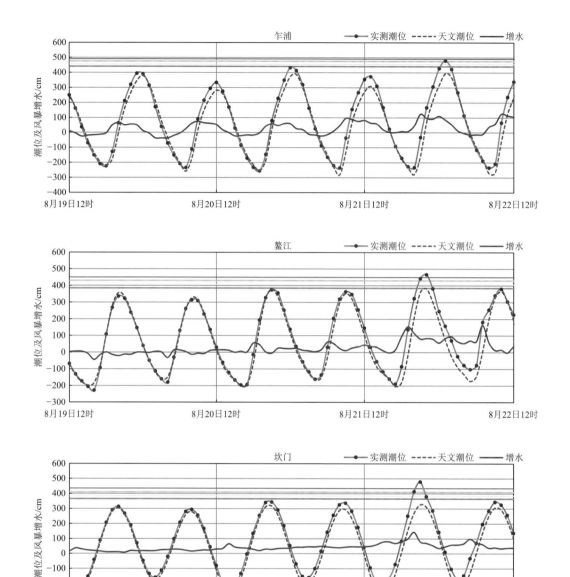

图3.37　1312号台风期间浙江沿海代表潮位站实测潮位、天文潮位和风暴增水随时间变化（续）

浙江省受灾人口48.19万人，转移人口11.70万人，直接经济损失4.41亿元，无人员伤亡。其中，水产养殖受灾面积$4.87 \times 10^3 \, hm^2$，产量损失$5.49 \times 10^3 \, t$，直接经济损失38 078万元；船只沉没303艘，受损375艘，直接经济损失484万元；损坏渔港码头1 912 m，损毁道路917.6 m（图3.38）、防波堤2 356 m，损毁海堤、护岸1 030 m，直接经济损失2 789万元；水产加工厂房设施损毁137处，加工成品损失13.7 t，直接经济损失173万元；其他经济损失2 595万元。

图3.38　1312号"潭美"台风风暴潮造成鳌江镇街道被淹

19) 1323号台风风暴潮灾害（红色）

1323号台风"菲特"（Fitow）于2013年10月7日（农历九月初三）01时15分在福建省福鼎市沿海登陆，登陆时台风近中心最大风力14级（42 m/s），中心气压955 hPa，强度为强台风。登陆后转向偏西方向移动，强度迅速减弱，下午减弱为热带低压，之后在福建境内消散。

受其影响，浙江省沿海有12个站的最大增水超过1.0 m，鳌江站增水最大，为3.83 m；有18个站的最高潮位超过当地警戒潮位，其中9个站超过当地蓝色警戒潮位，1个站超过当地黄色警戒潮位，3个站超过当地橙色警戒潮位，5个站超过当地红色警戒潮位，坎门站的最高潮位超过当地红色警戒潮位0.76 m（图3.39和图3.40）。

浙江省受灾人口666.06万人，转移人口99.97万人，直接经济损失23.38亿元，1人重伤。其中，水产养殖受灾面积3.26×10⁴ hm²，产量损失5.67×10⁴ t，直接经济损失19.03亿元；船只沉没811艘，受损572艘，直接经济损失9 067万元；损坏渔港码头3 061 m，损毁防波堤4 010 m、海堤护岸5 870 m、道路9 600 m，直接经济损失26 686万元；水产加工厂房设施损坏38处，加工成品损失26.5 t，直接经济损失2 989万元；其他经济损失4 747万元。

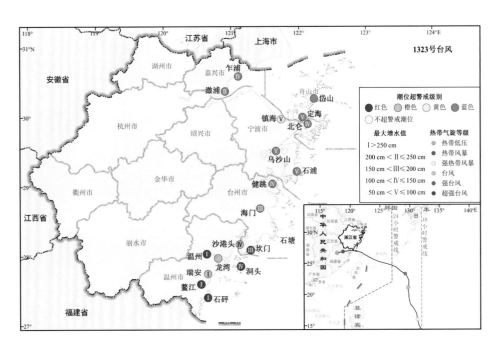

图3.39　1323号台风期间浙江沿海潮位站风暴潮超警戒等级与风暴增水等级

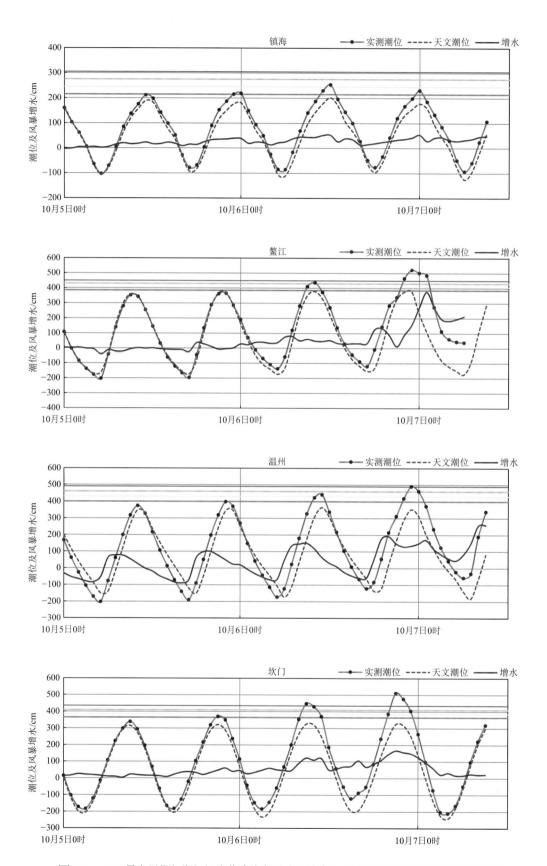

图3.40　1323号台风期间浙江沿海代表潮位站实测潮位、天文潮位和风暴增水随时间变化

20）1521号台风风暴潮灾害（红色）

1521号台风"杜鹃"（Dujuan）于2015年9月28日（农历八月十六）17时50分登陆台湾省宜兰县沿海，登陆时台风近中心最大风力15级（48 m/s），中心气压945 hPa，强度为强台风；29日凌晨移出台湾岛进入台湾海峡，并转向西北方向移动，29日08时50分在福建莆田沿海再次登陆，登陆时台风近中心最大风力10级（28 m/s），中心气压985 hPa，强度为强热带风暴。

浙江省沿海有4个站的最大增水超过1.0 m，鳌江站增水最大，达1.38 m；有11个站的最高潮位超过当地警戒潮位，其中2个站超过当地蓝色警戒潮位，3个站超过当地黄色警戒潮位，5个站超过当地橙色警戒潮位，1个站超过当地红色警戒潮位，鳌江站的最高潮位超过当地红色警戒潮位0.06 m（图3.41和图3.42）。

受其影响，浙江省直接经济损失0.20亿元，未造成人员死亡。其中，水产养殖受灾面积334 hm²，水产养殖损失产量73 t，养殖设施设备损失102个，直接经济损失1 139万元；船只沉没8艘，损毁8艘，直接经济损失29万元；码头损毁1 m，防波堤损毁2 020 m，直接经济损失775万元；其他经济损失10万元。

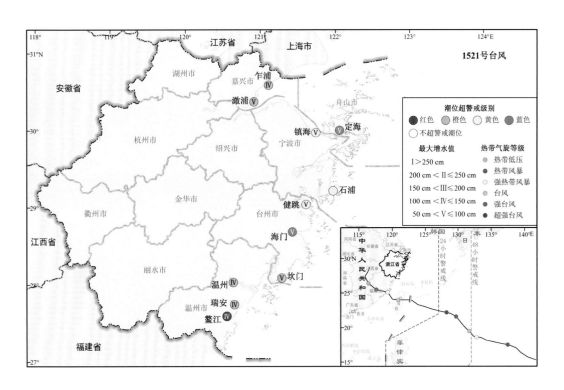

图3.41　1521号台风期间浙江沿海潮位站风暴潮超警戒等级与风暴增水等级

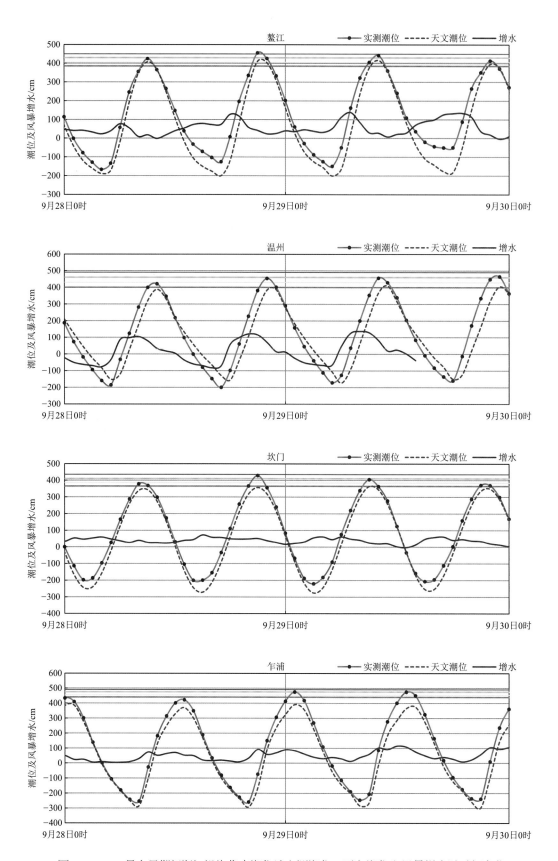

图3.42　1521号台风期间浙江沿海代表潮位站实测潮位、天文潮位和风暴增水随时间变化

21）1808号台风风暴潮灾害（红色）

1808号台风"玛莉亚"（Maria）于2018年7月11日（农历五月廿八）09时10分前后在福建省连江县黄岐半岛登陆，登陆时中心附近最大风力有14级（42 m/s），中心最低气压960 hPa，强度为强台风。

受其影响，浙江省有12个站的最大增水超过1.0 m，石砰站增水最大，为2.46 m；有8个站的最高潮位超过当地警戒潮位，其中1个站出现超过当地蓝色警戒潮位的高潮位，4个站出现超过当地黄色警戒潮位的高潮位，1个站出现超过当地橙色警戒潮位的高潮位，2个站出现超过当地红色警戒潮位的高潮位，鳌江站的最高潮位超过当地红色警戒潮位0.25 m（图3.43和图3.44）。

浙江省直接经济损失4.35亿元，未造成人员死亡（含失踪）。全省水产养殖受灾面积3 178.2 hm²，水产养殖损失产量10 561.6 t，养殖设施设备损失18个，房屋损毁251间，渔船沉没768艘，渔船损毁124艘，码头损毁1 373 m，防波堤损毁2 415 m，海堤、护岸损毁941 m，道路损毁2 810 m。

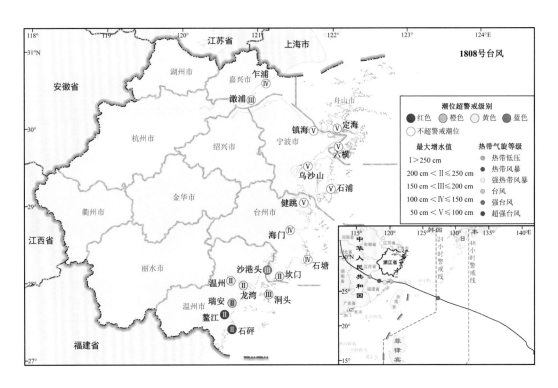

图3.43　1808号台风期间浙江沿海潮位站风暴潮超警戒等级与风暴增水等级

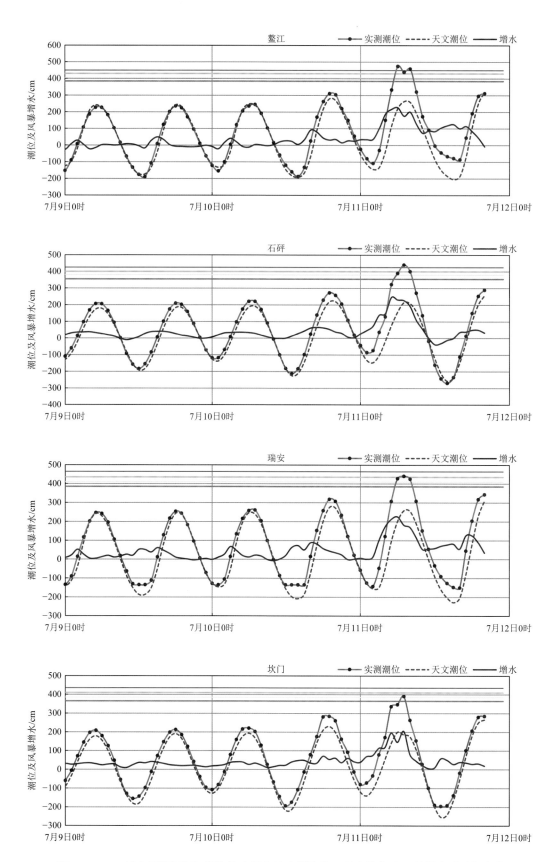

图3.44　1808号台风期间浙江沿海代表潮位站实测潮位、天文潮位和风暴增水随时间变化

### 22）1814号台风风暴潮灾害（红色）

1814号台风"摩羯"（Yagi）于2018年8月12日（农历七月初二）23时35分前后，在浙江省温岭市沿海登陆，登陆时台风中心附近最大风力达10级（28 m/s），中心最低气压980 hPa，强度为强热带风暴。

受其影响，浙江省有2个站的最大增水超过1.0 m，澉浦站增水最大，为1.54 m；有21个站的最高潮位超过当地警戒潮位，其中3个站出现超过当地蓝色警戒潮位的高潮位，10个站出现超过当地黄色警戒潮位的高潮位，6个站出现超过当地橙色警戒潮位的高潮位，2个站出现超过当地红色警戒潮位的高潮位，乍浦站的最高潮位超过当地红色警戒潮位0.29 m（图3.45和图3.46）。

浙江省直接经济损失1 657.45万元，未造成人员死亡（含失踪）。台州市水产养殖受灾面积81.33 hm²，水产养殖产量损失15.0 t，码头损毁580 m，海堤、护岸损毁480 m。

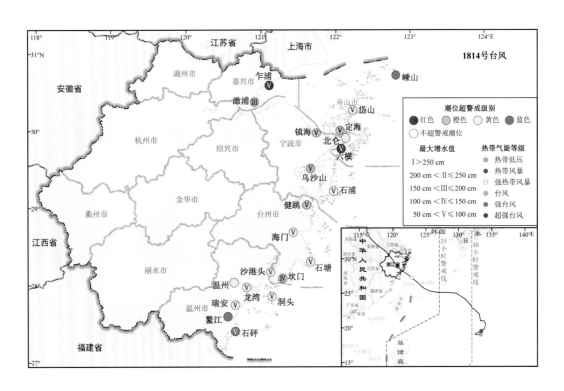

图3.45　1814号台风期间浙江沿海潮位站风暴潮超警戒等级与风暴增水等级

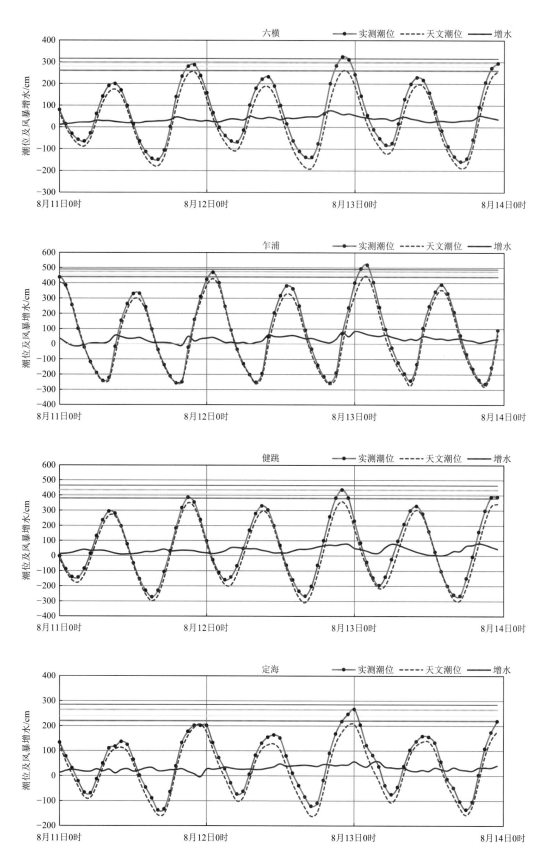

图3.46　1814号台风期间浙江沿海代表潮位站实测潮位、天文潮位和风暴增水随时间变化

## 3.2　超橙色警戒潮位台风风暴潮

1949—2020年共有17个超橙色警戒潮位的热带气旋影响浙江省海域，并引发台风风暴潮灾害，其中包含1次双台风过程（为1614号台风"莫兰蒂"和1616号台风"马勒卡"）（表3.2）。其中，Ⅰ型路径台风3个，占比18%；Ⅱ型路径台风2个，占比11%；Ⅲ型路径台风9个，占比53%；Ⅳ型路径台风3个，占比18%；登陆浙江省的台风有9个（图3.47）。超橙色警戒潮位的台风风暴潮灾害共造成浙江省5 166人死亡（含失踪），直接经济损失188.60亿元。其中，造成全省死亡（含失踪）人数最多的是5612号台风（Wanda），为4 925人；造成直接经济损失最多的是1909号台风"利奇马"（Lekima），为76.22亿元。

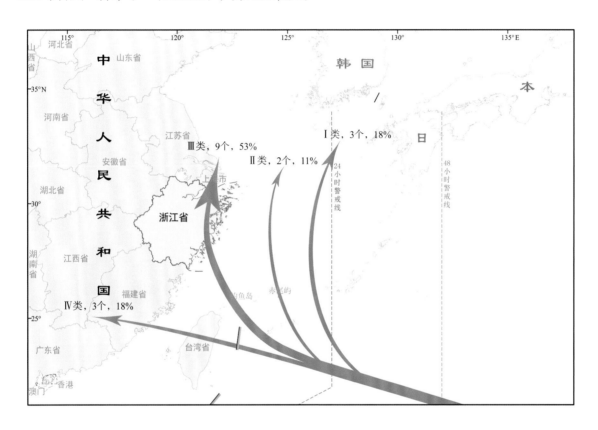

图3.47　超橙色警戒潮位典型台风路径

表3.2 超橙色警戒潮位合台风统计情况

| 序号 | 中央气象台编号 | 中英文名称 | 影响时间 | 强度 | 中心气压极值/hPa | 最大风速极值/(m/s) | 台风类型 | 风暴潮警报级别 | 潮位站超警戒情况/个 | | | | | 直接经济损失/亿元 | 死亡（含失踪）人数 |
| | | | | | | | | | 超红色警戒潮位 | 超橙色警戒潮位 | 超黄色警戒潮位 | 超蓝色警戒潮位 | 增水超1 m | | |
| 1 | 5612 | Wanda | 8月1日至8月2日 | 超强台风 | 902 | 90 | 登陆浙江象山 | 橙 | 0 | 1 | 1 | 0 | 6 | 3.62 | 4 925 |
| 2 | 5622 | Dinah | 9月3日至9月6日 | 强台风 | 967 | 45 | 登陆台湾花莲、福建长乐 | 橙 | 0 | 1 | 0 | 1 | 4 | 0.72 | 87 |
| 3 | 7209 | Betty | 8月16日至8月18日 | 超强台风 | 910 | 60 | 登陆浙江平阳 | 橙 | 0 | 1 | 1 | 1 | 8 | — | 79 |
| 4 | 7910 | Judy | 8月23日至8月24日 | 超强台风 | 908 | 65 | 登陆浙江舟山普陀 | 橙 | 0 | 3 | 4 | 3 | 10 | 4.25 | 51 |
| 5 | 9620 | Zane | 9月26日至9月30日 | 台风 | 960 | 40 | 中转向 | 橙 | 0 | 3 | 3 | 3 | 5 | — | — |
| 6 | 0012 | 派比安Prapiroon | 8月29日至8月30日 | 台风 | 965 | 35 | 西转向 | 橙 | 0 | 3 | 3 | 3 | 5 | 11.56 | 21 |
| 7 | 0417 | 蒲芭Chaba | 8月29日至8月30日 | 超强台风 | 920 | 60 | 中转向 | 橙 | 0 | 1 | 6 | 4 | 5 | — | — |
| 8 | 0509 | 麦莎Matsa | 8月6日 | 强台风 | 950 | 45 | 登陆浙江玉环 | 橙 | 0 | 1 | 4 | 3 | 9 | 15.69 | 0 |
| 9 | 0608 | 桑美Saomai | 8月9日至8月11日 | 超强台风 | 915 | 60 | 登陆浙江苍南 | 橙 | 0 | 2 | 2 | 1 | 3 | 6.3 | 2 |
| 10 | 0908 | 莫拉克Morakot | 8月8日至8月9日 | 台风 | 955 | 40 | 登陆台湾花莲、福建霞浦 | 橙 | 0 | 1 | 1 | 3 | 8 | 11.85 | 1 |

（续表）

| 序号 | 中央气象台编号 | 中英文名称 | 影响时间 | 强度 | 中心气压极值/hPa | 最大风速极值/(m/s) | 台风类型 | 风暴潮警报级别 | 潮位站超警戒情况/个 | | | | | 直接经济损失/亿元 | 死亡（含失踪）人数 |
|---|---|---|---|---|---|---|---|---|---|---|---|---|---|---|---|
| | | | | | | | | | 超红色警戒潮位 | 超橙色警戒潮位 | 超黄色警戒潮位 | 超蓝色警戒潮位 | 增水超1 m | | |
| 11 | 1211 | 海葵HaiKui | 8月5日至8月8日 | 强台风 | 960 | 45 | 登陆浙江象山 | 橙 | 0 | 4 | 3 | 1 | 13 | 41.45 | 0 |
| 12 | 1416 | 凤凰Fung-wong | 9月21日至9月23日 | 强热带风暴 | 982 | 28 | 登陆台湾屏东、台湾省宜兰县一新北、浙江象山、上海奉贤 | 橙 | 0 | 1 | 1 | 4 | 6 | 4.33 | 0 |
| 13 | 1614、1616 | 莫兰蒂Meranti、马勒卡Malakas | 9月13日至9月19日 | 超强台风、强台风 | 890/940 | 75/50 | 登陆福建厦门/西转向 | 橙 | 0 | 4 | 12 | 4 | 3 | 1.57 | 0 |
| 14 | 1909 | 利奇马Lekima | 8月8日至8月10日 | 超强台风 | 915 | 62 | 登陆浙江温岭 | 橙 | 0 | 1 | 0 | 1 | 13 | 76.22 | 0 |
| 15 | 1918 | 米娜Mitag | 9月30日至10月2日 | 台风 | 960 | 40 | 登陆浙江舟山 | 橙 | 0 | 4 | 11 | 5 | 5 | 11.04 | 0 |
| 16 | 2009 | 美莎克Maysak | 8月31日至9月2日 | 超强台风 | 930 | 52 | 中转向 | 橙 | 0 | 2 | 7 | 6 | 3 | — | — |

"—"表示未收集到数据。

### 1）5612号台风风暴潮灾害（橙色）

5612号台风（Wanda）于1956年7月26日在冲绳东南的洋面上生成。以后向西北方向移动，8月1日24时（农历六月廿五）在浙江象山石浦沿海登陆，登陆时台风近中心最大风力超过17级（65 m/s），中心气压923 hPa，强度为超强台风。登陆后经过宁波、绍兴、杭州地区，于2日中午移出浙江省进入安徽省宁国县。

浙江省沿海有6个站的最大增水超过1.0 m，澉浦站增水最大，为5.32 m；有2个站的最高潮位超过当地警戒潮位，其中1个站超过当地黄色警戒潮位，1个站达到当地橙色警戒潮位，乍浦站的最高潮位达到当地橙色警戒潮位（图3.48和图3.49）。

此次台风所经之处，拔树倒屋，摧毁交通、电讯。在沿海则因风浪潮水破堤，海水倒灌，在内地则因山洪暴发，江河漫溢（图3.50）。浙江省因灾共死亡（含失踪）4 925人，直接经济损失3.62亿元。此次台风造成的死亡人数是中华人民共和国成立以来最多的一次，史称"八一"大台风，象山县于2006年8月1日立碑警示后人。

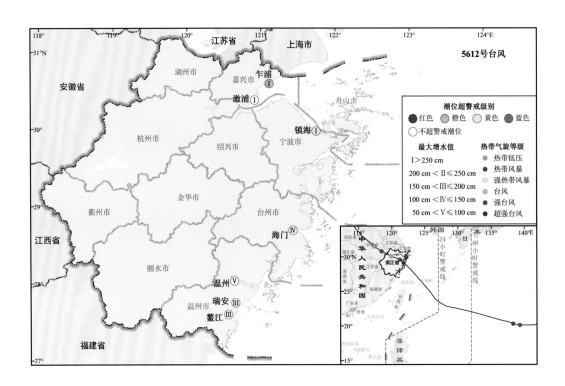

图3.48　5612号台风期间浙江沿海潮位站风暴潮超警戒等级与风暴增水等级

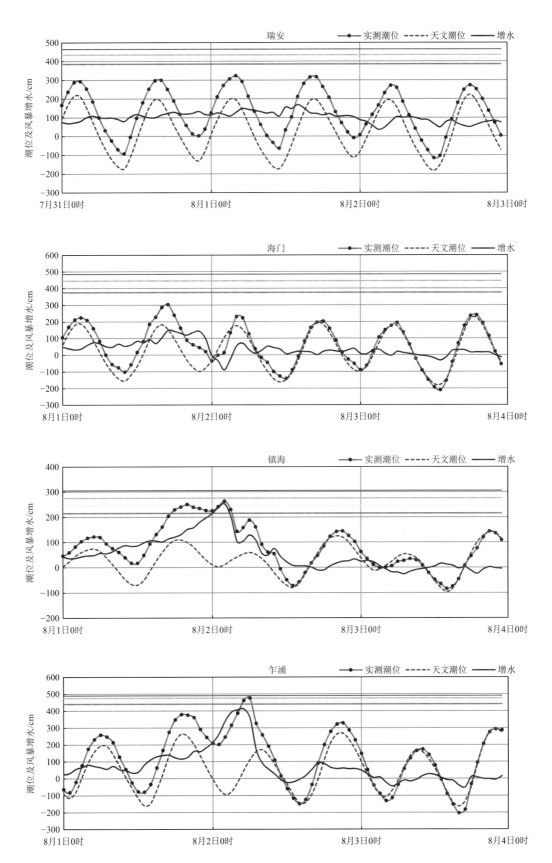

图3.49 5612号台风期间浙江沿海代表潮位站实测潮位、天文潮位和风暴增水随时间变化

图3.50　5612号台风期间象山县潮水淹没范围

　　全省有75个县市严重受灾，受灾非常严重的有象山、宁海、奉化、临海、鄞县、镇海、余杭、安吉、萧山、富阳、诸暨、平阳、杭州等市、县。全省超过$4.0×10^5$ $hm^2$农田受淹；71.5万间房屋损毁；2万余人受伤；869 km海塘、江堤被冲毁；902艘渔船沉没，2 233艘渔船损坏，占全省实有渔船总量的1/3。

　　最严重的象山县南庄区门海塘全线溃决，纵深10 km一片汪洋，3 403人死亡，7万多间房屋毁损。其中，80 $km^2$南庄平原全部被淹，平均水深在1 m以上，有些地方水深甚至达到5 m，整个平原看不到一寸陆地，南庄区林海乡2 432人受淹而死，241户全家全部遇难，1 161户无家可归。象山港无数避风的渔船被海浪打沉，停泊在象山港中的海军东海舰队"山"字号登陆舰被大海潮抛到了甘蔗地里。

　　宁海海塘、江堤208处损毁，死亡193人；奉化江堤、海塘292处倒塌，死亡188人，受伤632人；镇海77条海塘被冲毁，近岸浪高过海塘约2 m，死亡55人；慈溪海塘23处被冲毁，长11.8 km，死亡7人；余姚海水倒灌，死亡22人；嘉兴市钱塘江北岸风力达10级以上，盐官潮位为7.65 m。

### 2）5622号台风风暴潮灾害（橙色）

5622号台风（Dinah）于1956年9月3日（农历七月廿九）11时在台湾省花莲县沿海登陆，登陆时台风近中心最大风力14级（45 m/s），中心气压970 hPa，强度为强台风；之后继续向西北方向移动，3日23时在福建省长乐县沿海再次登陆，登陆时台风近中心最大风力13级（38 m/s），中心气压976 hPa，强度为台风，登陆后向西北方向移动，紧靠浙江西南省界北上。

浙江省沿海有3个站的最大增水超过1.0 m，温州站增水最大，为2.86 m；有2个站的最高潮位超过当地警戒潮位，其中1个站超过当地蓝色警戒潮位，1个站超过当地橙色警戒潮位，温州站的最高潮位超过当地橙色警戒潮位0.05 m（图3.51和图3.52）。

受其影响，浙江省共死亡（含失踪）87人，300多人受伤，直接经济损失0.72亿元。温州、台州、宁波、丽水、金华等地区22个县受灾，9.07×10⁴ hm²农田受淹；3万间房屋倒塌；5 000处水利工程、14处水库受损。

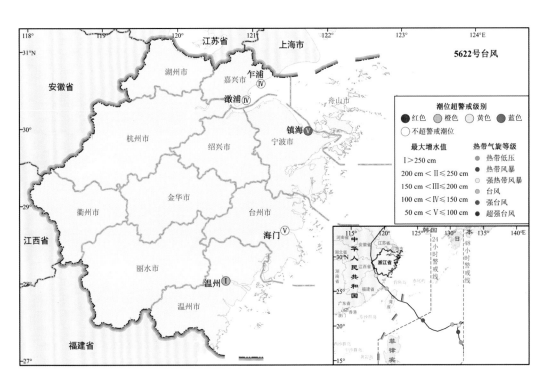

图3.51 5622号台风期间浙江沿海潮位站风暴潮超警戒等级与风暴增水等级

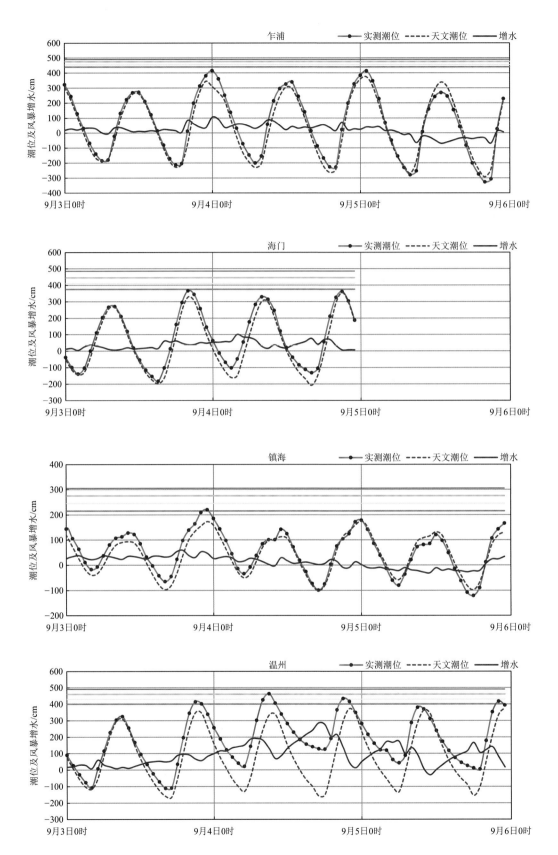

图3.52 5622号台风期间浙江沿海代表潮位站实测潮位、天文潮位和风暴增水随时间变化

### 3）7209号台风风暴潮灾害（橙色）

7209号台风（Betty）于1972年8月17日（农历七月初九）16时在浙江省平阳县沿海登陆，登陆时台风近中心最大风力13级（40 m/s），中心气压965 hPa，强度为台风。登陆后向西北偏西方向移动，经过泰顺、庆元，于18日03时移出浙江省进入福建省。

受其影响，浙江省沿海有8个站的最大增水超过1.0 m，鳌江站增水最大，为2.92 m；有3个站的最高潮位超过当地警戒潮位，其中1个站超过当地蓝色警戒潮位，1个站超过当地黄色警戒潮位，1个站超过当地橙色警戒潮位，鳌江站的最高潮位超过当地橙色警戒潮位0.14 m（图3.53和图3.54）。

浙江省因灾死亡（含失踪）79人，269人受伤，防洪堤5 000余处毁坏，农田淹没$1.62 \times 10^5$ hm$^2$。温州市$1.183 \times 10^5$ hm$^2$农田受淹，其中$4.23 \times 10^4$ hm$^2$农田严重受灾；苍南县$2.1 \times 10^4$ hm$^2$农田受淹，610艘船只毁坏，3.87万间房屋倒塌。

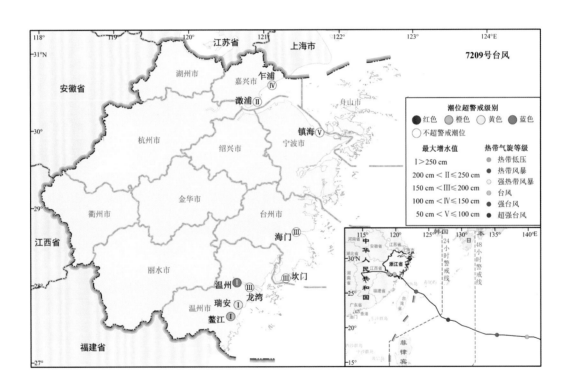

图3.53　7209号台风期间浙江沿海潮位站风暴潮超警戒等级与风暴增水等级

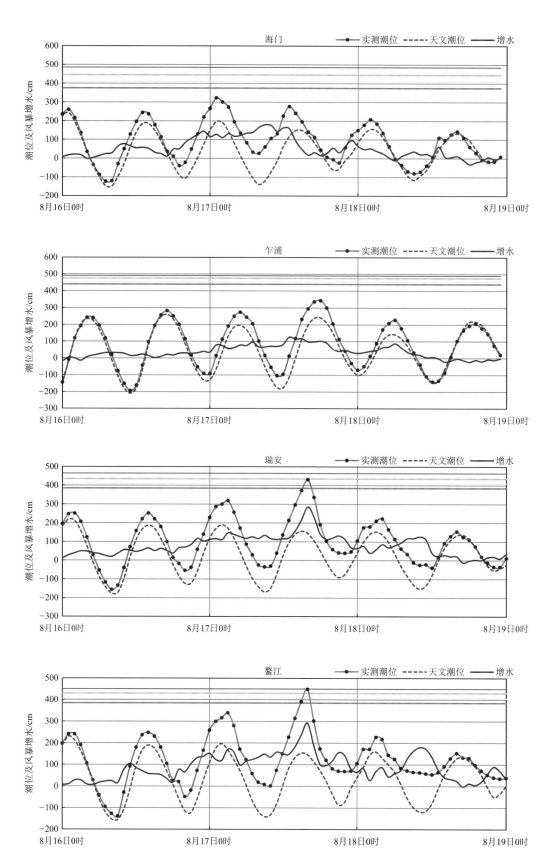

图3.54　7209号台风期间浙江沿海代表潮位站实测潮位、天文潮位和风暴增水随时间变化

### 4）7910号台风风暴潮灾害（橙色）

7910号台风（Judy）于1979年8月24日（农历七月初二）18时在浙江舟山普陀沿海登陆，登陆时台风近中心最大风力10级（25 m/s），中心气压967 hPa，强度为强热带风暴，登陆后转向东北方向移动。

受其影响，浙江省沿海有10个站的最大增水超过1.0 m，其中澉浦站增水最大，为1.95 m；有7个站的最高潮位超过当地警戒潮位，其中3个站超过当地蓝色警戒潮位，3个站超过当地黄色警戒潮位，1个站超过当地橙色警戒潮位，乍浦站的最高潮位超过当地橙色警戒潮位0.02 m（图3.55和图3.56）。

浙江省因灾死亡（含失踪）51人，直接经济损失4.25亿元。浙江省沿海多处海堤决口，海水倒灌致使舟山、宁波、温州三地区受灾严重。全省有$1.0 \times 10^5$ hm$^2$农田受灾，损失粮食$2.5 \times 10^4$ t；海塘1 600处损坏，长147.7 km，32座码头损毁；460艘渔船损毁；6.7万间房屋倒塌。舟山市5人死亡，281人受伤；$1.0 \times 10^4$ hm$^2$农田受灾，损失粮食$1.0 \times 10^4$ t、原盐$2.5 \times 10^3$ t；27.6 km海塘、3座水库损坏；57艘船只沉没，205艘船只损坏。宁波市沿海被毁的江堤、海塘长达145 km。

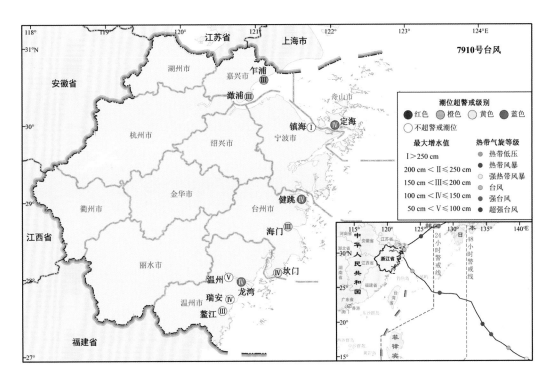

图3.55　7910号台风期间浙江沿海潮位站风暴潮超警戒等级与风暴增水等级

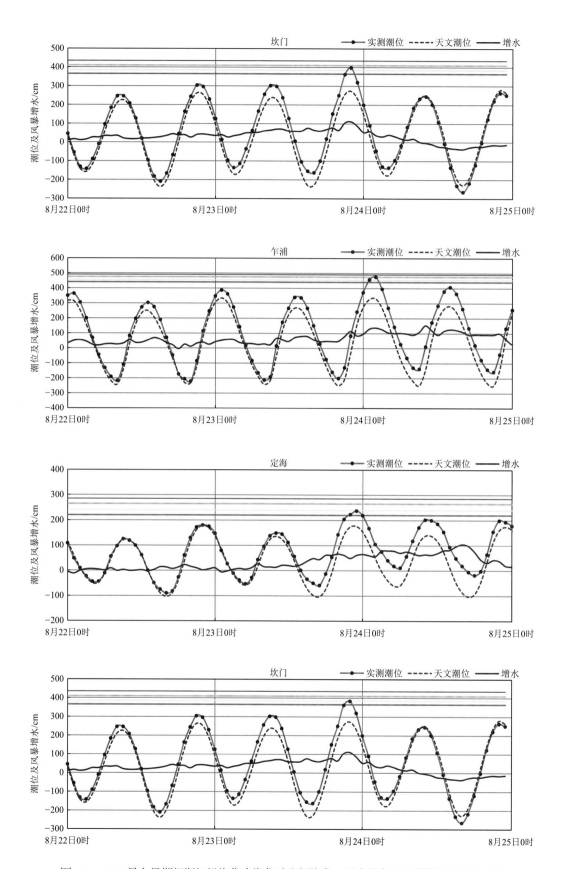

图3.56　7910号台风期间浙江沿海代表潮位站实测潮位、天文潮位和风暴增水随时间变化

5）9620号台风风暴潮灾害（橙色）

9620号台风（Zane）于1996年9月28日（农历八月十六）前后在台湾以东洋面北上，29日进入东海东部后转向东移动，过程最强台风近中心最大风力13级（40 m/s），中心气压960 hPa，强度为台风。

浙江省沿海有4个站的最大增水超过1.0 m，鳌江站增水最大，为1.87 m；有7个站的最高潮位超过当地警戒潮位，其中3个站超过当地蓝色警戒潮位，3个站超过当地黄色警戒潮位，1个站超过当地橙色警戒潮位，鳌江站的最高潮位超过当地橙色警戒潮位0.10 m（图3.57）。

未收集到浙江省沿海地区灾情资料。

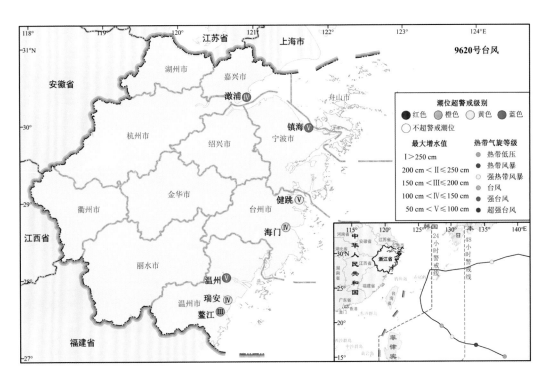

图3.57　9620号台风期间浙江沿海潮位站风暴潮超警戒等级与风暴增水等级

6）0012号台风风暴潮灾害（橙色）

0012号台风"派比安"（Prapiroon）于2000年8月29—31日沿东海北上，30日（农历八月初二）20时最大风力12级（35 m/s），中心气压965 hPa，强度为台风。

受其影响，浙江省有6个站的最大增水超过1.0 m，鳌江站增水最大，为1.73 m；有9个站的最高潮位超过当地警戒潮位，其中3个站出现超过当地蓝色警戒潮位的高潮位，3个站出现超过当地黄色警戒潮位的高潮位，3个站出现超过当地橙色警戒潮位的高潮位，瑞安站的最高潮位超过当地橙色警戒潮位0.26 m（图3.58和图3.59）。

浙江省因灾死亡（含失踪）21人，直接经济损失11.56亿元。全省有15个县（市、区）、122个乡（镇）受灾；受灾人口120.6万人，紧急转移安置1万余人；倒塌房屋1 100余间；受灾农田面积2.37×10⁴ hm²；损毁输电线路109 km、通信线路80.6 km；损毁公路75.3 km；非标准老海塘受损严重，损坏240处、123.6 km，决口1 119处、7.3 km；损坏水闸136座；码头沉没10座，受损30余座。

舟山、宁波部分老海塘受损；舟山本岛、岱山、普陀及嵊泗的部分地区海水倒灌，进水受淹，岱山县城整个老城区全部受淹，积水最深达1 m；在嵊泗渔港避风的渔船因大风浪发生碰撞，一艘渔船翻沉。宁波、舟山对外海陆空交通全部中断；舟山本岛及岱山、嵊泗县城电力供应中断；停工企业810余家。

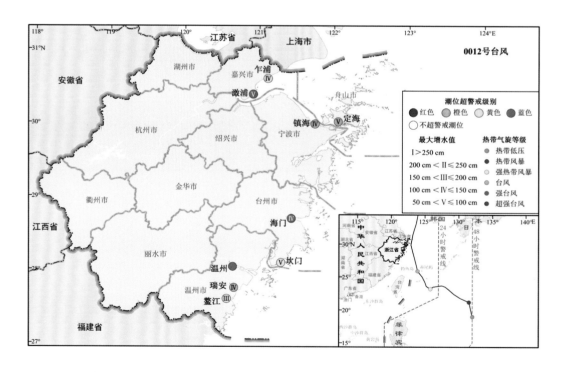

图3.58　0012号台风期间浙江沿海潮位站风暴潮超警戒等级与风暴增水等级

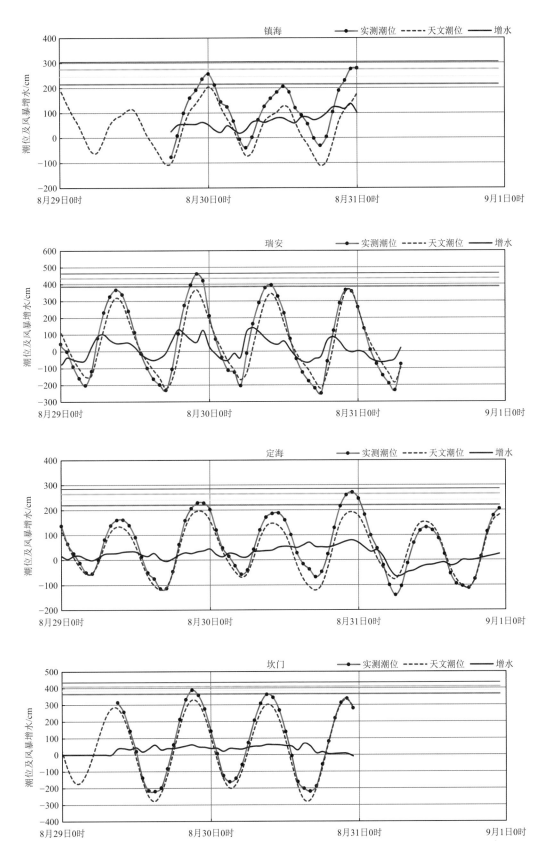

图3.59 0012号台风期间浙江沿海代表潮位站实测潮位、天文潮位和风暴增水随时间变化

### 7）0417号台风风暴潮灾害（橙色）

0417号台风"暹芭"（Chaba）于2004年8月28—29日沿近海北上，8月30日（农历七月十五）02时台风近中心最大风力14级（45 m/s），中心气压950 hPa，强度为强台风。

受其影响，浙江省有5个站的最大增水超过1.0 m，澉浦站增水最大，为2.48 m；有11个站的最高潮位超过当地警戒潮位，其中4个站出现超过当地蓝色警戒潮位的高潮位，6个站出现超过当地黄色警戒潮位的高潮位，1个站出现超过当地橙色警戒潮位的高潮位，镇海站的最高潮位超过当地橙色警戒潮位0.01 m（图3.60和图3.61）。

浙江省镇海市由于甬江西岸的防洪堤闸门未及时关闭，江北东草马路、白沙路、中马路一带数百户居民及工地、厂房被淹，其中东草马路的住宅大院由于地势较低，受淹较为严重。宁波港埠货运码头现场一片汪洋，货场堆放的钢筋等货物多半浸在潮水中。

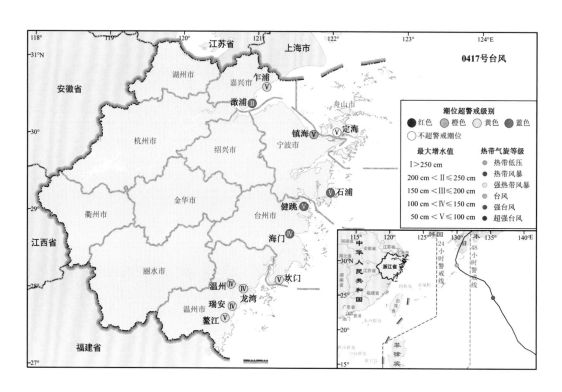

图3.60　0417号台风期间浙江沿海潮位站风暴潮超警戒等级与风暴增水等级

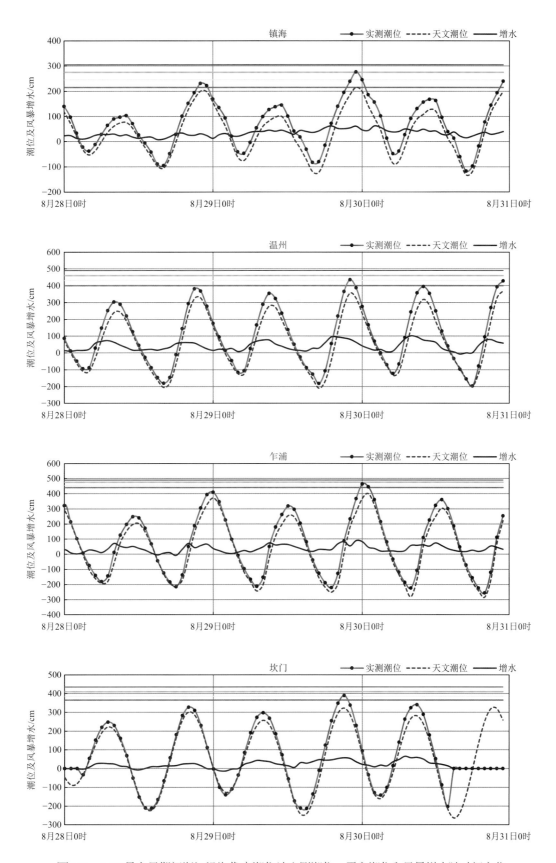

图3.61　0417号台风期间浙江沿海代表潮位站实测潮位、天文潮位和风暴增水随时间变化

**8) 0509号台风风暴潮灾害（橙色）**

0509号台风"麦莎"（Matsa）于2005年8月6日（农历七月初二）03时40分在浙江省玉环县干江镇登陆，登陆时台风近中心最大风力14级（45 m/s），中心气压950 hPa，强度为强台风。

受其影响，浙江省有9个站的最大增水超过1.0 m，澉浦站增水最大，为2.41 m；有8个站的最高潮位超过当地警戒潮位，其中3个站出现超过当地蓝色警戒潮位的高潮位，4个站出现超过当地黄色警戒潮位的高潮位，1个站出现达到当地橙色警戒潮位的高潮位，海门站的最高潮位达到当地橙色警戒潮位（图3.62和图3.63）。

浙江省直接经济损失15.69亿元。浙江省台州、宁波、温州、舟山、嘉兴等市受灾，沿海大范围围城区和经济重镇被淹，不少房屋倒塌，大量工商企业停工、停业，一些设备、原材料、成品被淹；沿海部分区域淡水养殖遭受灭顶之灾，大面积农田长时间被淹，大批大棚蔬菜、瓜果、花卉苗木等设施遭受重创；"329"国道、"104"国道及5条省道中断，71条110 kV以上的电力线路一度中断运行。

全省$2.38 \times 10^5$ hm²海洋水产养殖受损，水产品损失$7.86 \times 10^4$ t，130间水产加工厂房损毁；2 234处堤防损坏，长453.5 km，583处堤防决口，长47.1 km，1 556处护岸损坏，1 790艘船只沉没或损毁；60 911家工矿企业停产；459条公路中断；638.2 km公路路基（路面）毁坏，1 301.5 km输电线路损坏，834.9 km通信线路损坏；131座小型水库和山塘水库局部受损；297座水闸损坏，560座塘坝损毁，3 638处灌溉设施、107座小水电站损坏。

温岭市石塘镇钓浜渔港的堤防高12.5 m（其中防浪墙高2 m），长550 m，底宽14 m，在"麦莎"台风中，堤防决口长20 m，共35 m受损，被冲掉的石块达500 t。温岭市东海塘围涂工程在建北片海堤长3 819 m，平台宽为30 m，预计高7 m，已完成4 m，受台风浪袭击，海堤高度由4 m降至2 m，被冲走的石方达$6 \times 10^5$ m³，土方$5 \times 10^5$ m³，直接经济损失1 800万元。象山县鹤浦红卫塘，堤防高6.5 m，其中防浪墙高1 m，围区面积133.3 hm²，受台风浪影响，堤防决口近10 m，并有部分受损。

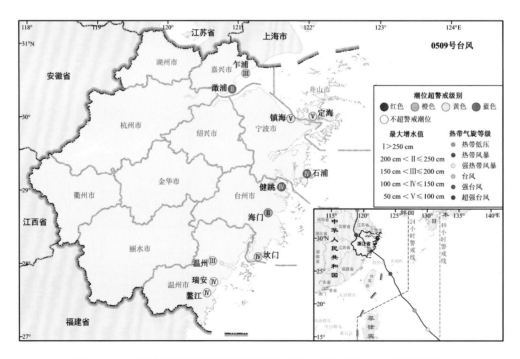

图3.62　0509号台风期间浙江沿海潮位站风暴潮超警戒等级与风暴增水等级

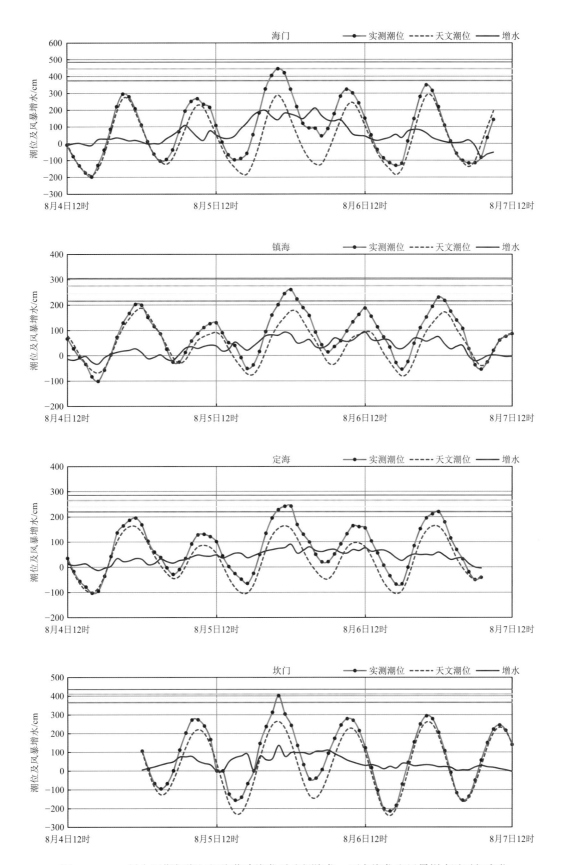

图3.63　0509号台风期间浙江沿海代表潮位站实测潮位、天文潮位和风暴增水随时间变化

### 9) 0608号台风风暴潮灾害（橙色）

0608号台风"桑美"（Saomai）于2006年8月10日（农历七月十七）17时25分在浙江省苍南县沿海登陆，登陆时台风近中心最大风力17级（60 m/s），中心气压920 hPa，强度为超强台风。"桑美"登陆后强度迅速减弱，途经福建省中北部、江西省东北部、湖北省东南部，于12日凌晨在湖北境内消失。

受其影响，浙江省沿海有3个站的最大增水超过1.0 m，鳌江站增水最大，为4.01 m；有6个站的最高潮位超过当地警戒潮位，其中2个站超过当地蓝色警戒潮位，3个站超过当地黄色警戒潮位，1个站超过当地橙色警戒潮位，瑞安站的最高潮位超过当地橙色警戒潮位0.13 m（图3.64和图3.65）。

浙江省因灾死亡（含失踪）2人，345.6万人受灾，直接经济损失6.3亿元。农田淹没$1.03 \times 10^5$ hm²；674处堤防决口，长度81.1 km，5 180处堤防损坏，长度396.4 km，1 833处护岸损毁；678座塘坝被冲毁；海洋水产养殖受灾$1.06 \times 10^4$ hm²，损失水产品$2.0 \times 10^4$ t；1 003艘渔船沉没（其中小船899艘），1 153艘渔船受损。

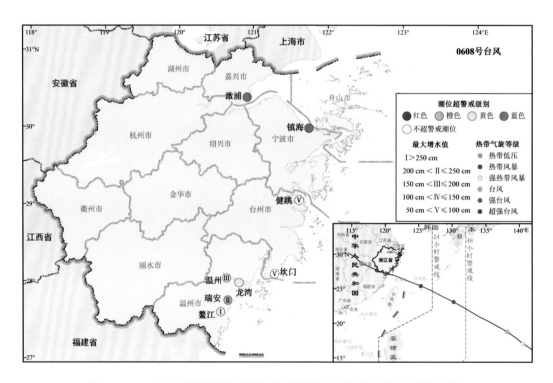

图3.64　0608号台风期间浙江沿海潮位站风暴潮超警戒等级与风暴增水等级

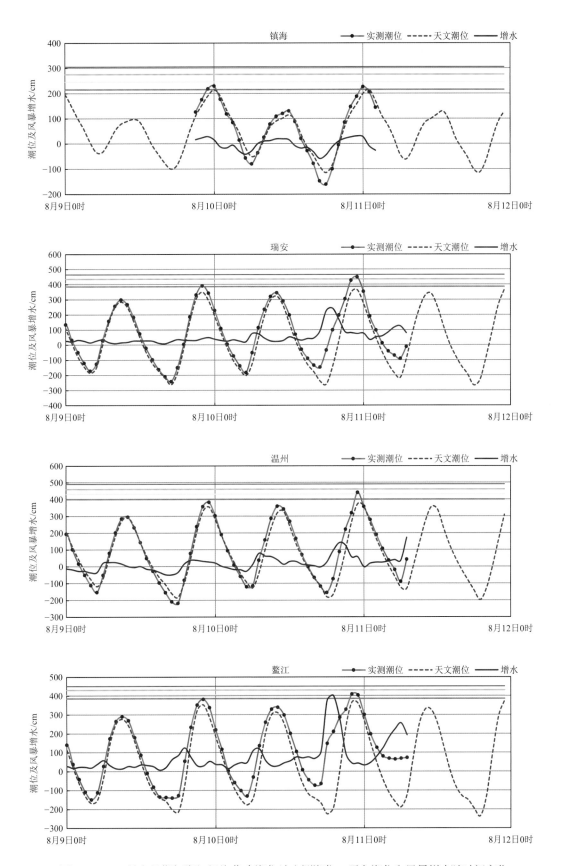

图3.65　0608号台风期间浙江沿海代表潮位站实测潮位、天文潮位和风暴增水随时间变化

10) 0908号台风风暴潮灾害（橙色）

0908号台风"莫拉克"（Morakot）于2009年8月7日（农历六月十七）23时45分在台湾花莲沿海登陆，登陆时台风近中心最大风力13级（40 m/s），中心气压960 hPa，强度为台风。后于9日16时20分在福建省霞浦县北壁乡沿海登陆，登陆时台风近中心最大风力12级（33 m/s），中心气压970 hPa，强度为台风。

受其影响，浙江省沿海有8个站的最大增水超过1.0 m，澉浦站增水最大，为3.04 m；有5个站的最高潮位超过当地警戒潮位，其中3个站超过当地蓝色警戒潮位，1个站超过当地黄色警戒潮位，1个站超过当地橙色警戒潮位，鳌江站的最高潮位超过当地橙色警戒潮位0.02 m（图3.66和图3.67）。

浙江省因灾死亡（含失踪）1人，直接经济损失11.85亿元。池塘养殖受损4.22×10⁴ hm²；网箱损坏1.75万个；海洋水产品损失6.65×10⁴ t；7.73 km防波堤损坏，6.09 km护岸受损，100座码头毁坏；275艘渔船沉没，920艘船只损毁。

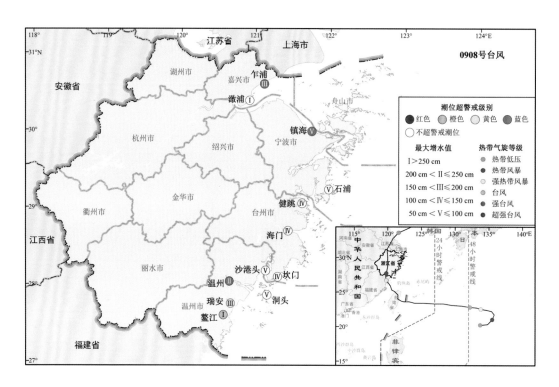

图3.66　0908号台风期间浙江沿海潮位站风暴潮超警戒等级与风暴增水等级

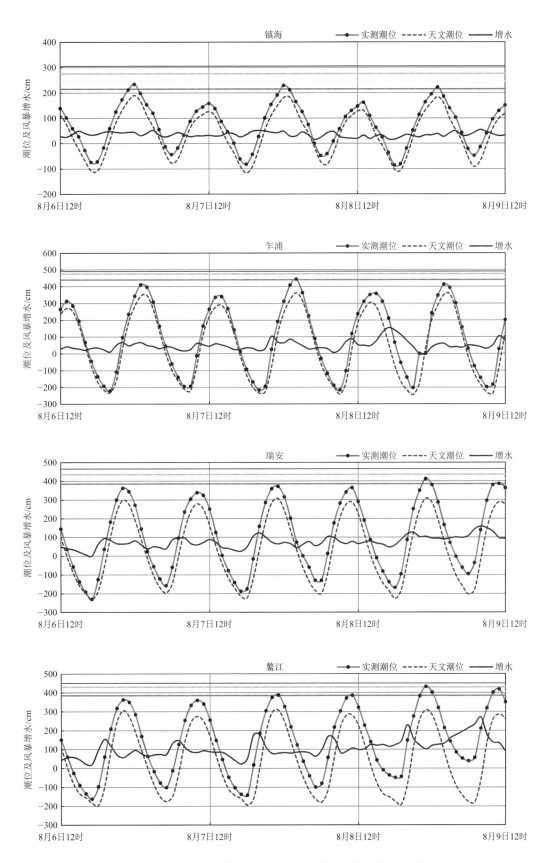

图3.67 0908号台风期间浙江沿海代表潮位站实测潮位、天文潮位和风暴增水随时间变化

11) 1211号台风风暴潮灾害（橙色）

1211号台风"海葵"（HaiKui）于2012年8月8日（农历六月廿一）03时20分在浙江省象山县鹤浦镇沿海登陆，登陆时台风近中心最大风力14级（42 m/s），中心气压965 hPa，强度为强台风。

受其影响，浙江省沿海有13个站的最大增水超过1.0 m，澉浦站增水最大，为3.23 m；有8个站的最高潮位超过当地警戒潮位，其中1个站超过当地蓝色警戒潮位，3个站超过当地黄色警戒潮位，4个站超过当地橙色警戒潮位，镇海站的最高潮位超过当地橙色警戒潮位0.25 m（图3.68和图3.69）。

浙江省直接经济损失41.45亿元，无人员伤亡。其中水产养殖受灾面积$4.53 \times 10^4 \text{ hm}^2$，直接经济损失34.53亿元；损毁船只897艘，直接经济损失2 248万元；损毁滨海基础设施205座，直接经济损失1.71亿元；损坏渔港码头2 099 m，损毁道路5 700 m、防波堤115.96 km、海堤和护岸137.22 km，直接经济损失4.99亿元。

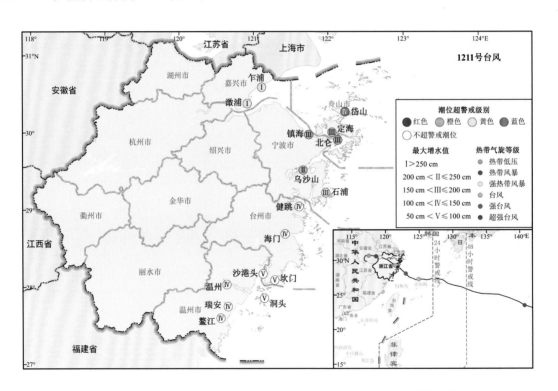

图3.68　1211号台风期间浙江沿海潮位站风暴潮超警戒等级与风暴增水等级

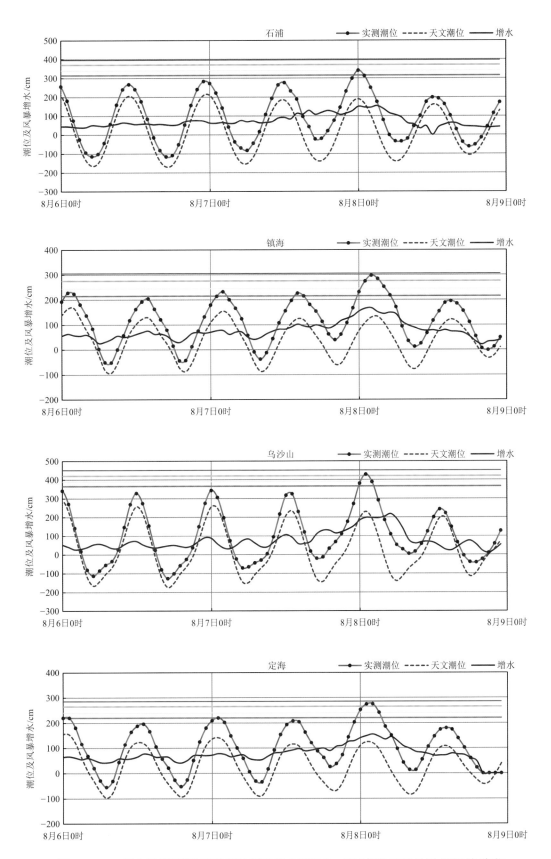

图3.69 1211号台风期间浙江沿海代表潮位站实测潮位、天文潮位和风暴增水随时间变化

12）1416号台风风暴潮灾害（橙色）

1416号台风"凤凰"（Fung-wong）于2014年9月21日（农历八月廿八）10时掠过台湾省屏东县，登陆时台风近中心最大风力10级（28 m/s），中心气压982 hPa，强度为强热带风暴。随后于22时20分再次在台湾宜兰与新北交界登陆，登陆时台风近中心最大风力10级（28 m/s），中心气压982 hPa，强度为强热带风暴。之后继续向偏北方向移动，逐渐靠近浙江沿海，并与22日22时15分在浙江象山沿海登陆，登陆时台风近中心最大风力10级（25 m/s），中心气压985 hPa，强度为强热带风暴。登陆后减弱为热带风暴，之后继续向偏北方向移动，23日10时45分再次在上海市奉贤区登陆，登陆时台风近中心最大风力8级（18 m/s），中心气压998 hPa，强度为热带风暴。之后转向东北方向移动，进入东海海域，于25日在日本海减弱消散。

受其影响，浙江省沿海有6个站的最大增水超过1.0 m，澉浦站增水最大，为1.83 m；有6个站的最高潮位超过当地警戒潮位，其中4个站超过当地蓝色警戒潮位，1个站超过当地黄色警戒潮位，1个站达到当地橙色警戒潮位，为定海站（图3.70和图3.71）。

浙江省直接经济损失4.33亿元。其中，水产养殖受灾面积$9.55 \times 10^3$ hm²，水产养殖损失产量$1.70 \times 10^4$ t，养殖设施设备损失84 533个，直接经济损失3.68亿元；船只损毁202艘，直接经济损失588万元；房屋损坏60间，码头损毁1 564 m，防波堤损毁450 m，海堤、护岸损毁673 m，道路损毁4 050 m，直接经济损失2 887万元；其他经济损失3 023万元。

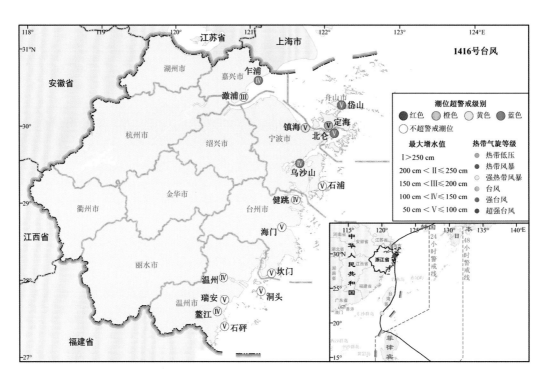

图3.70 1416号台风期间浙江沿海潮位站风暴潮超警戒等级与风暴增水等级

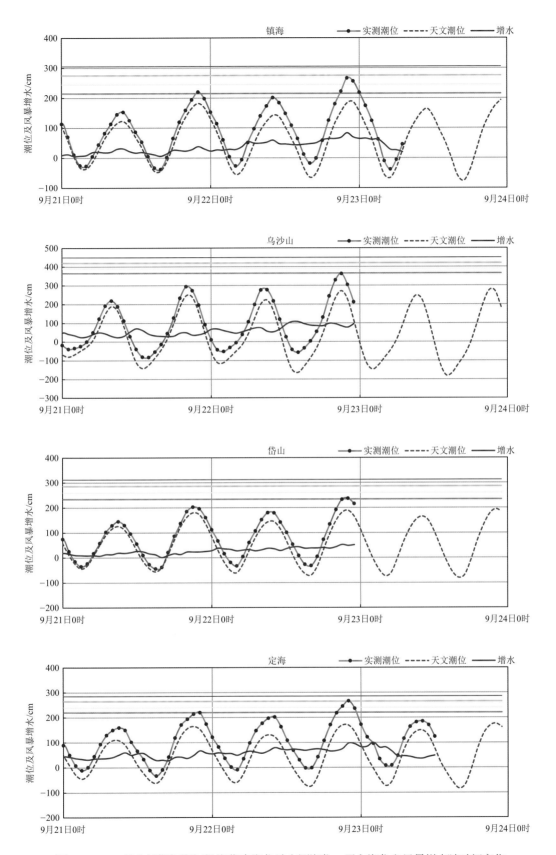

图3.71　1416号台风期间浙江沿海代表潮位站实测潮位、天文潮位和风暴增水随时间变化

13）1614号、1616号台风风暴潮灾害（橙色）

1614号台风"莫兰蒂"（Meranti）和1616号台风"马勒卡"(Malakas)先后影响浙江沿海。其中，"莫兰蒂"于2016年9月15日（农历八月十五）03时登陆福建省厦门市沿海，登陆时台风近中心最大风力16级（52 m/s），中心气压940 hPa，强度为超强台风。"马勒卡"于2016年9月13日（农历八月十三）08时在西北太平洋洋面上生成，15日20时加强为强台风，并向浙江省沿岸靠近，后向东北方向移动北上，渐离浙江海域；过程最强台风近中心最大风力15级（50 m/s），中心气压940 hPa，强度为强台风。

受双台风影响，浙江省沿海有3个站的最大增水超过1.0 m，鳌江站增水最大，为1.63 m；有20个站的最高潮位超过当地警戒潮位，其中4个站超过当地蓝色警戒潮位，12个站超过当地黄色警戒潮位，4个站超过当地橙色警戒潮位，瑞安站的最高潮位超过当地橙色警戒潮位0.09 m（图3.72和图3.73）。

浙江省直接经济损失1.57亿元，未造成人员死亡。其中，水产养殖受灾面积$3.31 \times 10^3$ hm²，水产养殖损失产量$2.22 \times 10^3$ t，养殖设施设备损失5 373个，直接经济损失1.57亿元；船只损毁1艘，直接经济损失40万元。

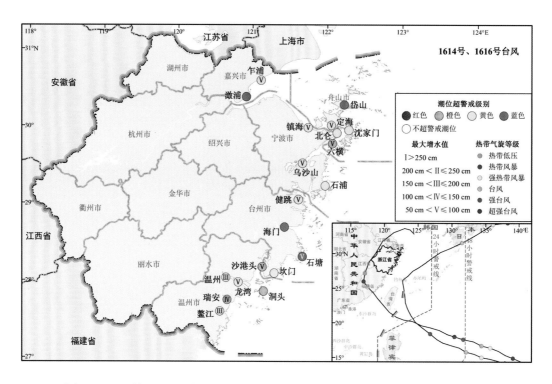

图3.72　1614号、1616号台风期间浙江沿海潮位站风暴潮超警戒等级与风暴增水等级

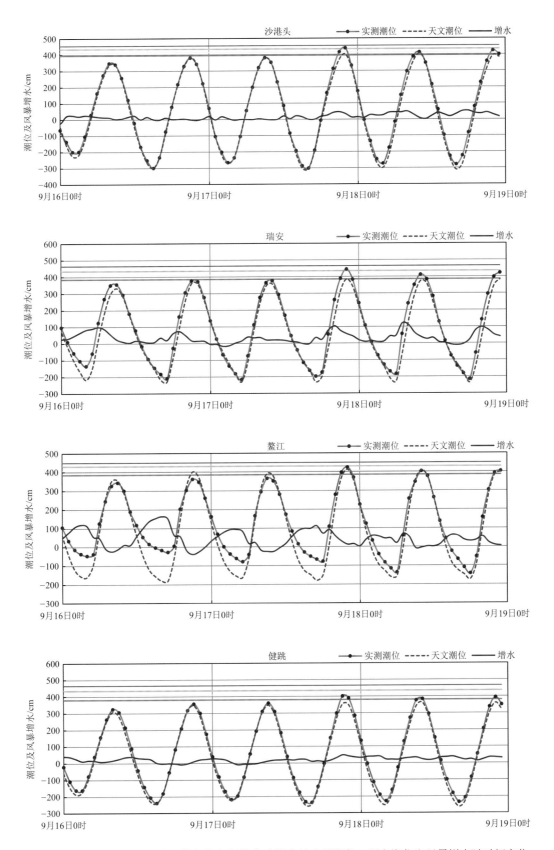

图3.73　1614号、1616号台风期间浙江沿海代表潮位站实测潮位、天文潮位和风暴增水随时间变化

14）1909号台风风暴潮灾害（橙色）

1909号台风"利奇马"（Lekima）于2019年8月10日（农历七月初十）01时45分在浙江省温岭市城南镇沿海登陆，登陆时台风近中心最大风力16级（52 m/s），中心气压930 hPa，强度为超强台风。

受其影响，浙江省沿海有13个站的最大增水超过1.0 m，海门站增水最大，为3.12 m；有2个站的最高潮位超过当地警戒潮位，其中1个站超过当地蓝色警戒潮位，1个站超过当地橙色警戒潮位，海门站的最高潮位超过当地橙色警戒潮位0.35 m（图3.74和图3.75）。

浙江省直接经济损失约76.22亿元，未造成人员死亡（含失踪）。水产养殖受灾面积$2.68 \times 10^4$ hm²，水产养殖损失产量$2.66 \times 10^4$ t（图3.76），渔船沉没263艘、损毁1 699艘（图3.77），码头损毁3 248 m，防波堤损毁487 m，海堤、护岸损毁68.77 km，海洋观测设施损毁24处。

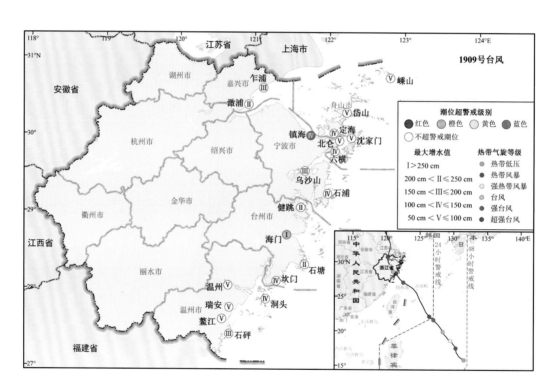

图3.74　1909号台风期间浙江沿海潮位站风暴潮超警戒等级与风暴增水等级

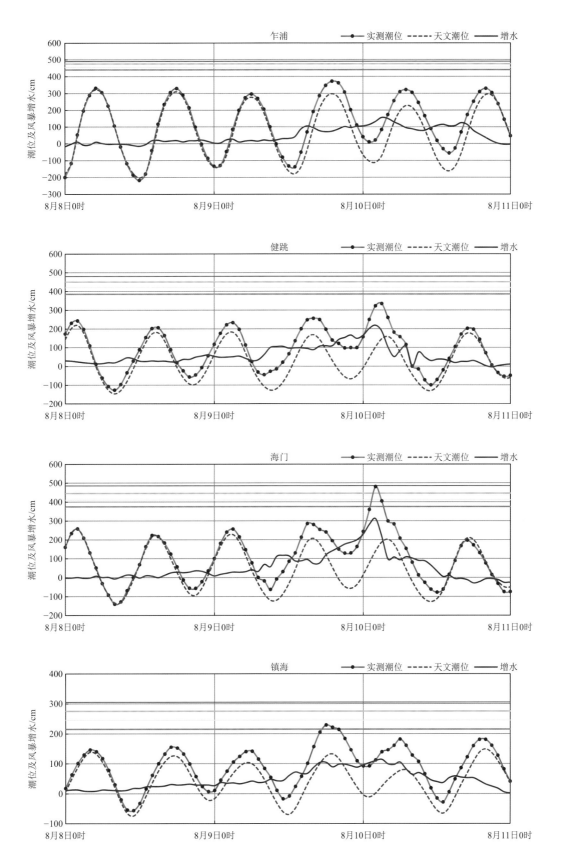

图3.75　1909号台风期间浙江沿海代表潮位站实测潮位、天文潮位和风暴增水随时间变化

图3.76　1909号台风"利奇马"造成嵊泗县网箱受损
（图片来源：《2019年浙江省海洋灾害公报》）

图3.77　1909号台风"利奇马"造成温岭市渔船受损
（图片来源：《2019年浙江省海洋灾害公报》）

### 15）1918号台风风暴潮灾害（橙色）

1918号台风"米娜"（Mitag）于2019年10月1日（农历九月初三）20时30分在浙江省舟山市普陀区沈家门沿海登陆，登陆时台风近中心最大风力11级（30 m/s），中心气压980 hPa，强度为强热带风暴。

受其影响，浙江省沿海有5个站的最大增水超过1.0 m，澉浦站增水最大，为1.52 m；有20个站的最高潮位超过当地警戒潮位，其中5个站超过当地蓝色警戒潮位，11个站超过当地黄色警戒潮位，4个站超过当地橙色警戒潮位，镇海站的最高潮位超过当地橙色警戒潮位0.26 m（图3.78和图3.79）。

浙江省直接经济损失约11.04亿元，未造成人员死亡（含失踪）。水产养殖受灾面积8 025.83 hm²，渔船损毁102艘，码头损毁630 m，防波堤损毁430 m，海堤、护岸损毁1 150 m。

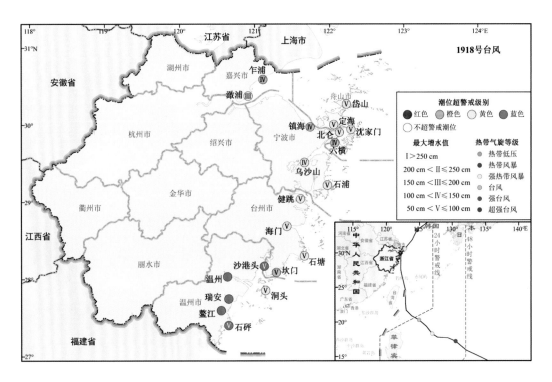

图3.78　1918号台风期间浙江沿海潮位站风暴潮超警戒等级与风暴增水等级

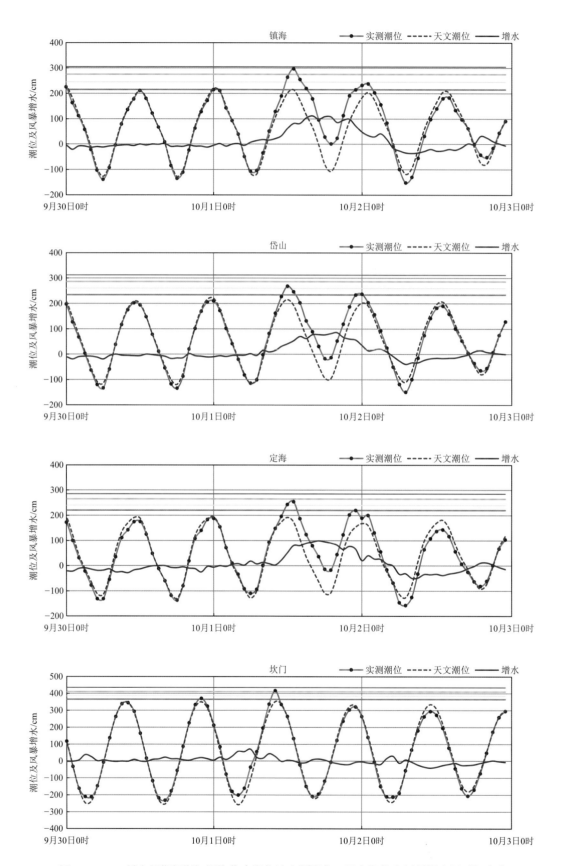

图3.79 1918号台风期间浙江沿海代表潮位站实测潮位、天文潮位和风暴增水随时间变化

16）2009号台风风暴潮灾害（橙色）

2009号台风"美莎克"（Maysak）于2020年8月31日至9月2日沿海北上，9月1日05时近中心最大风力16级（52 m/s），中心气压930 hPa，强度为超强台风。9月1日23时在台州外海海域减弱为强台风，2日中午移出浙江省外海海域趋向朝鲜半岛南部移动。

受其影响，浙江省沿海有3个站的最大增水超过1.0 m，乌沙山站增水最大，为1.06 m；有15个站的最高潮位超过当地警戒潮位，其中6个站超过当地蓝色警戒潮位，7个站超过当地黄色警戒潮位，2个站超过当地橙色警戒潮位，镇海站的最高潮位超过当地橙色警戒潮位0.03 m（图3.80和图3.81）。

未收集到浙江省沿海地区灾情资料。

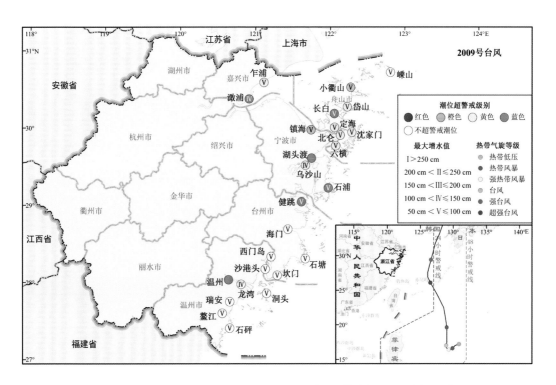

图3.80　2009号台风期间浙江沿海潮位站风暴潮超警戒等级与风暴增水等级

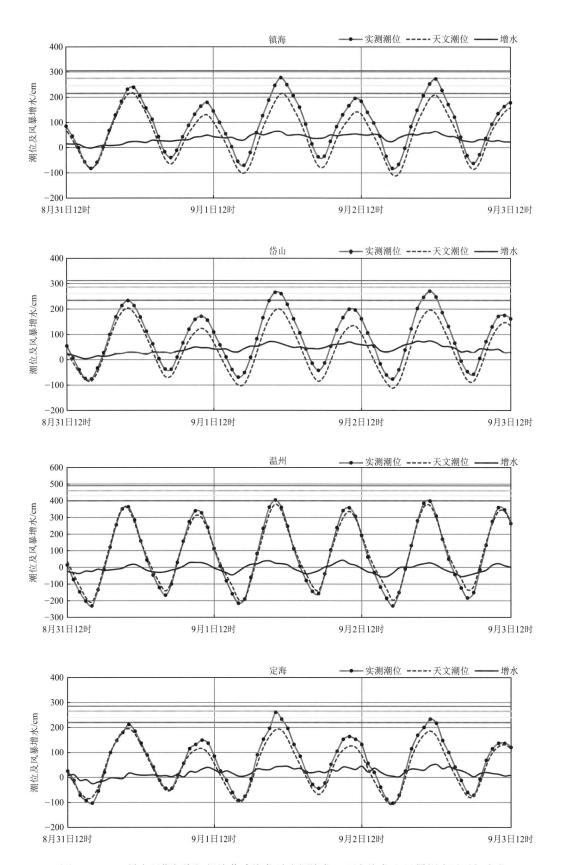

图3.81 2009号台风期间浙江沿海代表潮位站实测潮位、天文潮位和风暴增水随时间变化

## 3.3  超黄色警戒潮位台风风暴潮

　　1949—2020年共有20个超黄色警戒潮位的热带气旋影响浙江省海域，并引发台风风暴潮灾害，其中包含1次双台风过程（为1214号台风"天秤"和1215号台风"布拉万"）（表3.3）。其中，Ⅰ型路径台风2个，占比10%；Ⅱ型路径台风5个，占比25%；Ⅲ型路径台风4个，占比20%；Ⅳ型路径台风9个，占比45%，登陆浙江省的台风有2个（图3.82）。超黄色警戒潮位的台风风暴潮灾害共造成浙江省939人死亡（含失踪），直接经济损失37.72亿元。其中，造成全省死亡（含失踪）人数最多的是6126号台风（Tilda），为596人；造成直接经济损失最多的是1509号台风"灿鸿"（Chan-hom），为10.22亿元。

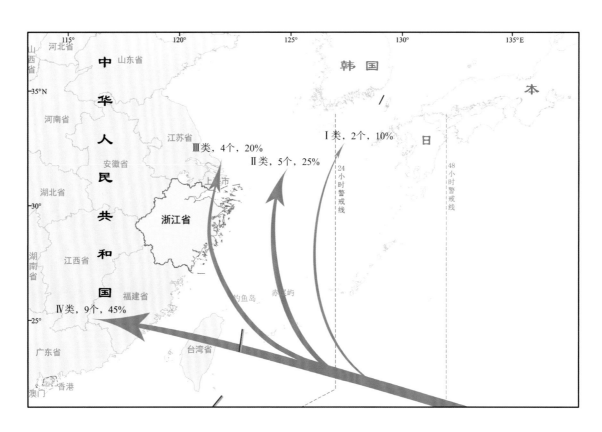

图3.82　超黄色警戒潮位典型台风路径

表3.3　超黄色警戒潮位台风统计情况

| 序号 | 中央气象台编号 | 中英文名称 | 影响时间 | 强度 | 中心气压极值/hPa | 最大风速极值/(m/s) | 台风类型 | 风暴潮警报级别 | 潮位站超警戒情况/个 | | | | | 直接经济损失/亿元 | 死亡（含失踪）人数 |
|---|---|---|---|---|---|---|---|---|---|---|---|---|---|---|---|
| | | | | | | | | | 超红色警戒潮位 | 超橙色警戒潮位 | 超黄色警戒潮位 | 超蓝色警戒潮位 | 增水超1m | | |
| 1 | 5905 | Louise | 9月4日至9月5日 | 超强台风 | 963 | 60 | 登陆台湾花莲、福建连江 | 黄 | 0 | 0 | 1 | 1 | 3 | 2.12 | 135 |
| 2 | 5907 | Sarah | 9月16日至9月17日 | 超强台风 | 905 | 85 | 西转向 | 黄 | 0 | 0 | 1 | 1 | 5 | — | — |
| 3 | 6001 | Mary | 6月10日至6月12日 | 强台风 | 970 | 45 | 登陆广东香港 | 黄 | 0 | 0 | 1 | 4 | 2 | — | 0 |
| 4 | 6126 | Tilda | 10月3日至10月4日 | 超强台风 | 935 | 60 | 登陆浙江三门 | 黄 | 0 | 0 | 1 | 0 | 5 | 4.79 | 596 |
| 5 | 6207 | Nora | 7月31日至8月3日 | 台风 | 971 | 40 | 西转向 | 黄 | 0 | 0 | 1 | 0 | 4 | — | 2 |
| 6 | 6303 | Shirley | 6月17日至6月20日 | 超强台风 | 934 | 70 | 西转向 | 黄 | 0 | 0 | 1 | 0 | 2 | — | — |
| 7 | 7123 | Bess | 9月21日至9月24日 | 超强台风 | 905 | 65 | 登陆台湾宜兰、福建莆田 | 黄 | 0 | 0 | 2 | 2 | 4 | 1.07 | 24 |
| 8 | 8012 | Norris | 8月27日至8月29日 | 强台风 | 954 | 45 | 登陆台湾宜兰、福建福清 | 黄 | 0 | 0 | 2 | 5 | 1 | — | — |
| 9 | 8406 | Ed | 7月30日至7月31日 | 超强台风 | 947 | 55 | 登陆江苏如东、山东日照 | 黄 | 0 | 0 | 1 | 5 | 0 | — | — |
| 10 | 8712 | Gerald | 9月7日至9月11日 | 台风 | 970 | 35 | 登陆福建晋江 | 黄 | 0 | 0 | 2 | 4 | 5 | 5.39 | 74 |
| 11 | 8913 | Ken、Lora | 8月1日至8月4日 | 强热带风暴 | 980 | 30 | 登陆上海川沙 | 黄 | 0 | 0 | 2 | 4 | 4 | 0.82 | 0 |
| 12 | 9012 | Yancy | 8月17日至8月21日 | 强台风 | 955 | 45 | 登陆台湾基隆、福建福清、莆田、晋江 | 黄 | 0 | 0 | 2 | 3 | 5 | 5.67 | 108 |

（续表）

| 序号 | 中央气象台编号 | 中英文名称 | 影响时间 | 强度 | 中心气压极值/hPa | 最大风速极值/(m/s) | 台风类型 | 风暴潮警报级别 | 潮位站超警戒情况/个 | | | | | 直接经济损失/亿元 | 死亡（含失踪）人数 |
|---|---|---|---|---|---|---|---|---|---|---|---|---|---|---|---|
| | | | | | | | | | 超红色警戒潮位 | 超橙色警戒潮位 | 超黄色警戒潮位 | 超蓝色警戒潮位 | 增水超1m | | |
| 13 | 0407 | 蒲公英Mindulle | 7月2日至7月3日 | 强台风 | 950 | 45 | 登陆台湾花莲、浙江乐清 | 黄 | 0 | 0 | 1 | 3 | 1 | 0.87 | 0 |
| 14 | 0505 | 海棠Haitang | 7月17日至7月20日 | 超强台风 | 910 | 65 | 登陆台湾宜兰、福建连江 | 黄 | 0 | 0 | 2 | 1 | 4 | 6.07 | 0 |
| 15 | 0514 | 彩蝶Nabi | 9月4日至9月5日 | 超强台风 | 920 | 60 | 中转向 | 黄 | 0 | 0 | 2 | 2 | 1 | — | — |
| 16 | 1111 | 南玛都Nanmadol | 8月29日至8月31日 | 超强台风 | 925 | 60 | 登陆台湾台东、福建惠安 | 黄 | 0 | 0 | 3 | 6 | 4 | — | — |
| 17 | 1209 | 苏拉Saola | 7月31日至8月3日 | 强台风 | 960 | 40 | 登陆福建福鼎 | 黄 | 0 | 0 | 9 | 4 | 8 | 0.16 | 0 |
| 18 | 1214 1215 | 天秤Tembin 布拉万Bolaven | 8月28日至8月30日 8月25日至8月28日 | 强台风 超强台风 | 945 920 | 48 55 | 登陆台湾屏东中转向 | 黄 | 0 | 0 | 2 | 0 | 6 | 0.54 | 0 |
| 19 | 1509 | 灿鸿Chan-hom | 7月10日至7月12日 | 超强台风 | 935 | 55 | 西转向 | 黄 | 0 | 0 | 3 | 0 | 11 | 10.22 | 0 |

"—"表示未收集到数据。

### 1）5905号台风风暴潮灾害（黄色）

5905号台风（Louise）于1959年9月3日（农历八月初一）20时在台湾省花莲县沿海登陆，登陆时台风近中心最大风力17级（60 m/s），中心气压964 hPa，强度为超强台风；后继续向西北偏北方向移动，于4日17时在福建省连江县沿海再次登陆，登陆时台风近中心最大风力11级，中心气压992 hPa，强度为强热带风暴。登陆后向北偏东方向移动，经过浙江东部沿海地区，于6日穿过杭州湾进入上海后北上。

受其影响，浙江省沿海有3个站的最大增水超过1.0 m，温州站增水最大，达1.88 m；有2个站的最高潮位超过当地警戒潮位，其中1个站超过当地蓝色警戒潮位，1个站超过当地黄色警戒潮位，温州站的最高潮位超过当地黄色警戒潮位0.19 m（图3.83和图3.84）。

浙江省因灾死亡（含失踪）135人，受伤206人，直接经济损失2.12亿元。全省$2.24 \times 10^5$ hm²农田受淹；海塘、江堤300多处损毁；1.4万间房屋倒塌。

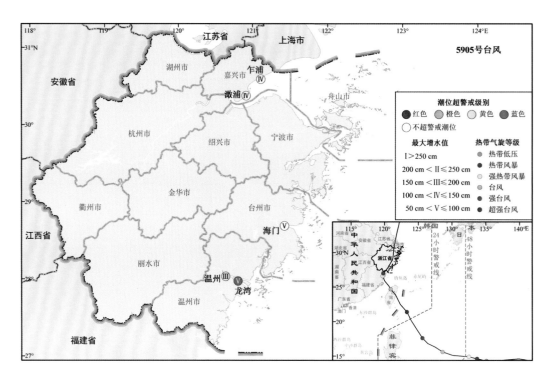

图3.83　5905号台风期间浙江沿海潮位站风暴潮超警戒等级与风暴增水等级

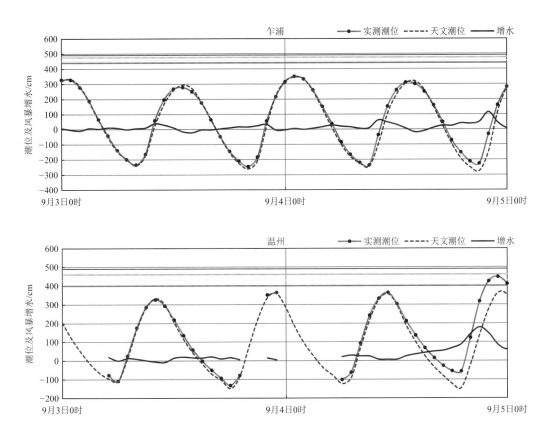

图3.84 5905号台风期间浙江沿海代表潮位站实测潮位、天文潮位和风暴增水随时间变化

2）5907号台风风暴潮灾害（黄色）

5907号台风（Sarah）于1959年9月15日由台湾以东洋面进入东海，并于9月16—17日（农历八月十四至十五）在东海海域北上后转向东北行，过程最强台风近中心最大风力17级以上（85 m/s），中心气压905 hPa，强度为超强台风。

受其影响，浙江省沿海有4个站的最大增水超过1.0 m，龙湾站增水最大，达1.3 m；有2个站的最高潮位超过当地警戒潮位，其中1个站超过当地蓝色警戒潮位，1个站达到当地黄色警戒潮位，为坎门站（图3.85和图3.86）。

未收集到浙江省沿海地区灾情资料。

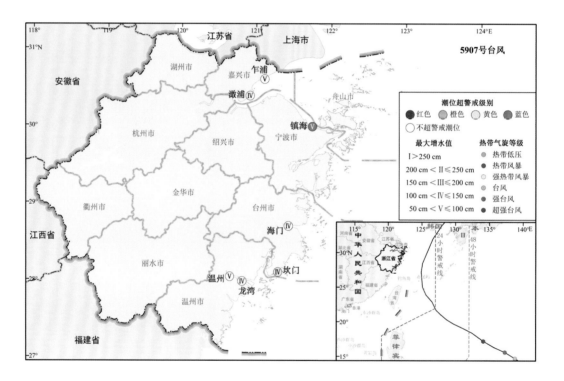

图3.85　5907号台风期间浙江沿海潮位站风暴潮超警戒等级与风暴增水等级

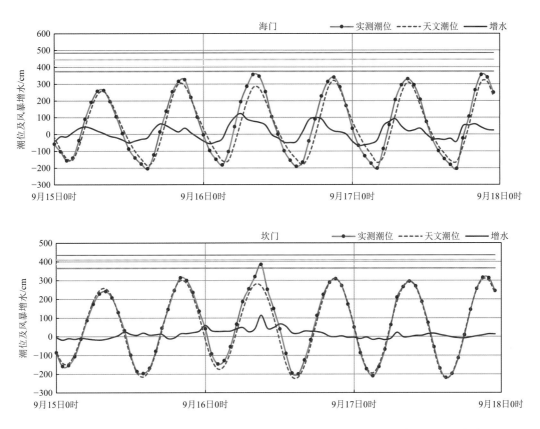

图3.86 5907号台风期间浙江沿海代表潮位站实测潮位、天文潮位和风暴增水随时间变化

3）6001号台风风暴潮灾害（黄色）

6001号台风（Mary）于1960年6月9日（农历五月十六）03时在香港沿海登陆，登陆时台风近中心最大风力12级（33 m/s），中心气压970 hPa，强度为台风，登陆后沿海岸向东北方向移动，6月10日中午在福建省北部沿海再次入海。

受其影响，浙江省沿海有2个站的最大增水超过1.0 m，温州站增水最大，达3.53 m；有5个站的最高潮位超过当地警戒潮位，其中3个站超过当地蓝色警戒潮位，2个站超过当地黄色警戒潮位，温州站和龙湾站的最高潮位均超过当地黄色警戒潮位0.05 m（图3.87和图3.88）。

浙江省300户民房损毁，2 710户民房损坏；粮食减产1.25×10⁴ t。

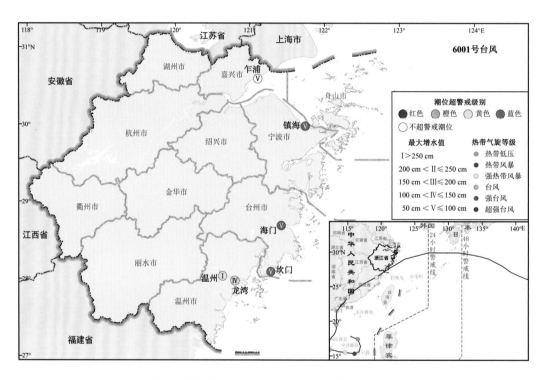

图3.87　6001号台风期间浙江沿海潮位站风暴潮超警戒等级与风暴增水等级

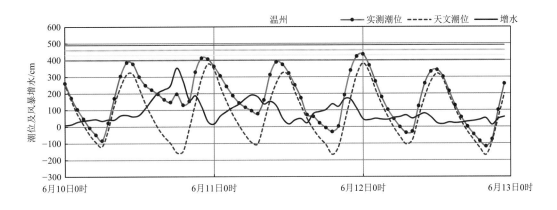

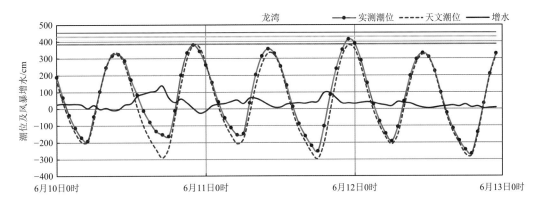

图3.88 6001号台风期间浙江沿海代表潮位站实测潮位、天文潮位和风暴增水随时间变化

4）6126号台风风暴潮灾害（黄色）

6126号台风（Tilda）于1961年9月27日在关岛以北洋面上生成，后向西北方向移动，10月4日（农历八月廿五）07—08时在浙江省三门县沿海登陆，登陆时台风近中心最大风力13级（40 m/s），中心气压960 hPa，强度为台风；登陆后继续向西北方向移动，穿过杭州湾进入上海市。

受其影响，浙江省沿海有5个站的最大增水超过1.0 m，乍浦站增水最大，达1.86 m；镇海站的最高潮位超过当地黄色警戒潮位0.06 m（图3.89和图3.90）。

浙江省因灾共死亡（含失踪）596人，直接经济损失4.79亿元。全省3.33×10⁵ hm²农田受灾；6 000多处堤坝损毁；2 000多个村庄被洪水包围；377人死亡，219人失踪，1 353人受伤；16.5万间房屋倒塌；1 167艘船只沉没。临海市200 km海堤遭遇潮水漫堤，多处受巨浪冲击而决口。三门县7.71×10³ hm²农田受淹，其中562 hm²农田绝收，损失粮食324 t；伤亡118人，其中死亡19人；20 367间房屋倒塌；443处水利工程被冲毁；1 167艘船只沉没，214艘船只损坏。宁海县10人死亡，20人受伤。象山县19人死亡，43人受伤，9.9×10³ hm²农田受淹。奉化区12人死亡，3人受伤，123处江堤、海塘倒塌。

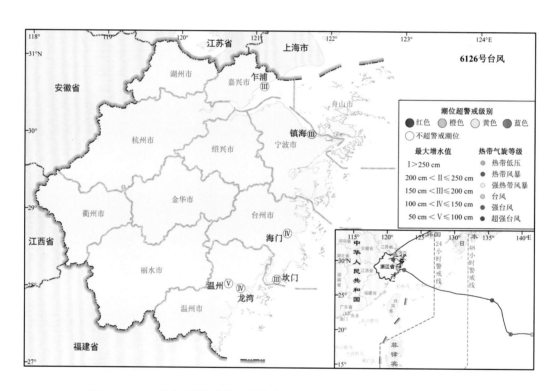

图3.89　6126号台风期间浙江沿海潮位站风暴潮超警戒等级与风暴增水等级

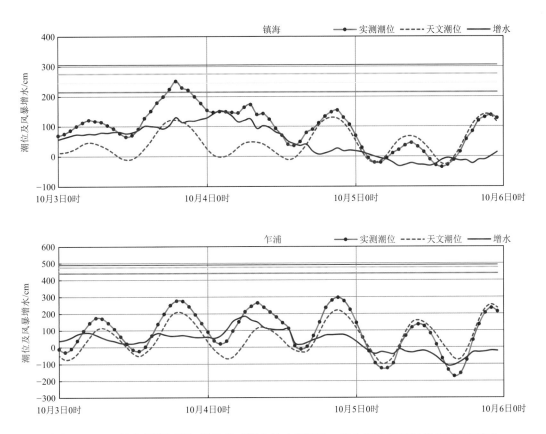

图3.90　6126号台风期间浙江沿海代表潮位站实测潮位、天文潮位和风暴增水随时间变化

5）6207号台风风暴潮灾害（黄色）

6207号台风（Nora）于1962年8月1—2日（农历七月初二至初三）经东海海域北上在长江口附近东转，台风近中心最大风力13级（40 m/s），中心气压971 hPa，强度为台风。

受其影响，浙江省沿海有4个站的最大增水超过1.0 m，镇海站增水最大，达1.6 m；镇海站的最高潮位超过当地黄色警戒潮位0.26 m（图3.91和图3.92）。

浙江省因灾死亡2人，18人受伤。$1.3 \times 10^4$ hm² 农田被淹；11处海堤决口。

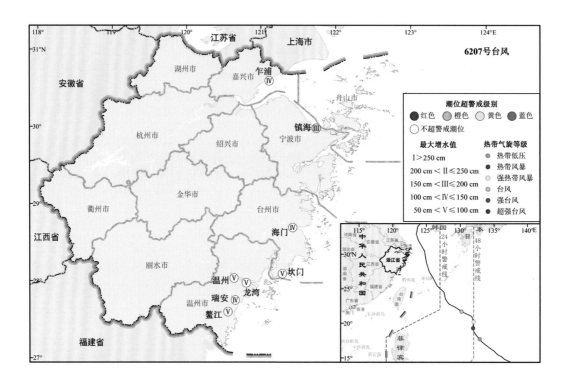

图3.91　6207号台风期间浙江沿海潮位站风暴潮超警戒等级与风暴增水等级

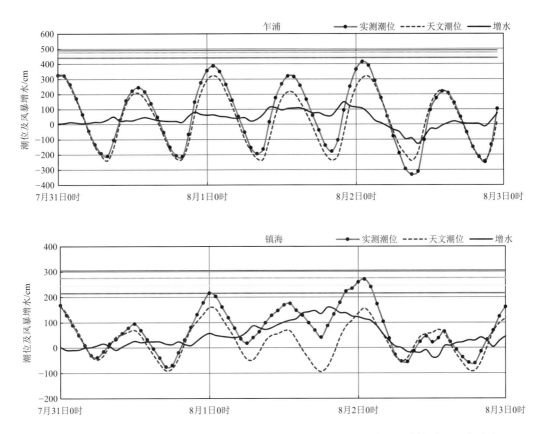

图3.92　6207号台风期间浙江沿海代表潮位站实测潮位、天文潮位和风暴增水随时间变化

6）6303号台风风暴潮灾害（黄色）

6303号台风（Shirley）于1963年6月18—19日沿东海北上，6月19日（农历四月廿八）08时台风近中心最大风力12级（35 m/s），中心气压970 hPa，强度为台风。

受其影响，浙江省沿海有2个站的最大增水超过1.0 m，坎门站增水最大，为1.66 m；有1个站的最高潮位达到当地黄色警戒潮位，为坎门站（图3.93和图3.94）。

未收集到浙江省沿海地区灾情资料。

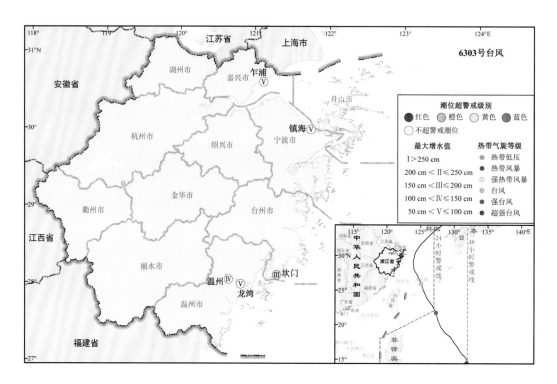

图3.93 6303号台风期间浙江沿海潮位站风暴潮超警戒等级与风暴增水等级

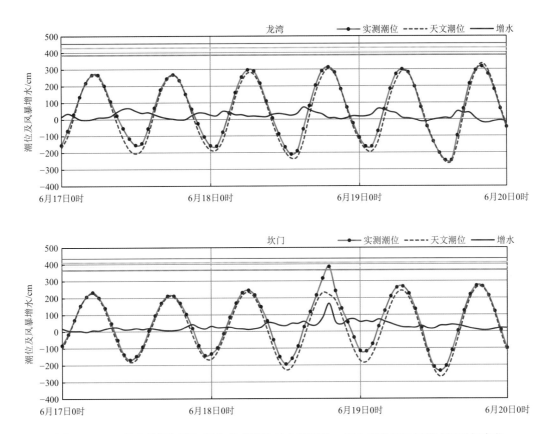

图3.94　6303号台风期间浙江沿海代表潮位站实测潮位、天文潮位和风暴增水随时间变化

### 7）7123号台风风暴潮灾害（黄色）

7123号台风（Bess）于1971年9月22日（农历八月初四）23时在台湾省宜兰县沿海登陆，登陆时台风近中心最大风力16级（56 m/s），中心气压945 hPa，强度为超强台风。23日14时在福建省莆田县再次登陆，登陆时台风近中心最大风力12级（33 m/s），中心气压970 hPa，强度为台风。

受其影响，浙江省沿海有4个站的最大增水超过1.0 m，温州站增水最大，为2.81 m；有4个站的最高潮位超过当地警戒潮位，其中2个站出现超过当地蓝色警戒潮位的高潮位，2个站出现超过当地黄色警戒潮位的高潮位，鳌江站的最高潮位超过当地黄色警戒潮位0.22 m（图3.95和图3.96）。

浙江省因灾死亡（含失踪）24人，直接经济损失1.07亿元。全省受灾农田面积$5.6 \times 10^4$ hm²；倒塌房屋1 472间。

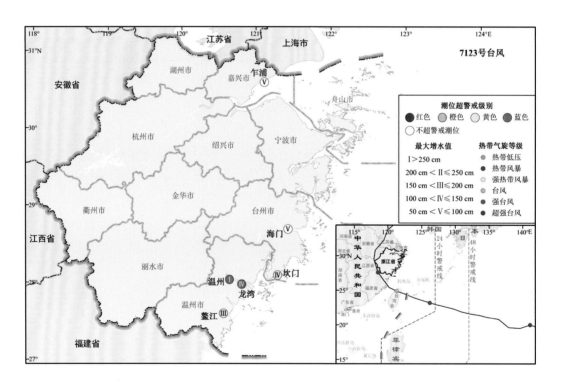

图3.95　7123号台风期间浙江沿海潮位站风暴潮超警戒等级与风暴增水等级

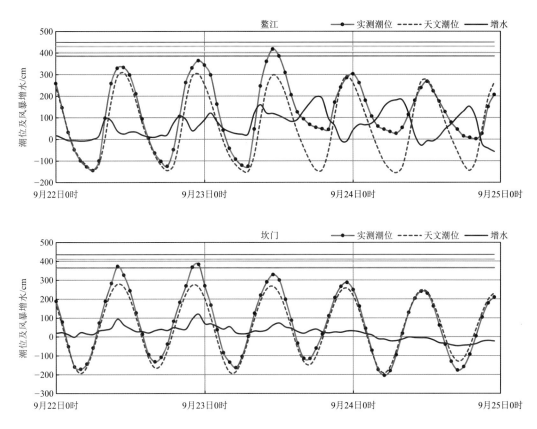

图3.96　7123号台风期间浙江沿海代表潮位站实测潮位、天文潮位和风暴增水随时间变化

8）8012号台风风暴潮灾害（黄色）

8012号台风（Norris）于1980年8月27日（农历七月十七）24时在台湾省宜兰县沿海登陆，登陆时台风近中心最大风力13级（40 m/s），中心气压970 hPa，强度为台风；28日14时在福建省福清县沿海再次登陆，登陆时台风近中心最大风力11级（30 m/s），中心气压980 hPa，强度为强热带风暴。

浙江省沿海的鳌江站最大增水超过1.0 m，为1.12 m；浙江省沿海有7个站的最高潮位超过当地警戒潮位，其中5个站超过当地蓝色警戒潮位，2个站超过当地黄色警戒潮位，鳌江站的最高潮位超过当地黄色警戒潮位0.14 m（图3.97和图3.98）。

未收集到浙江省沿海地区灾情资料。

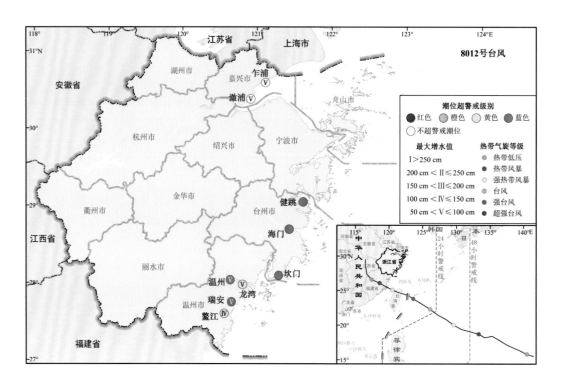

图3.97　8012号台风期间浙江沿海潮位站风暴潮超警戒等级与风暴增水等级

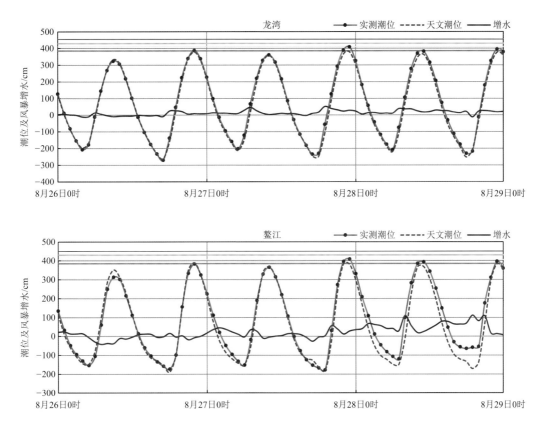

图3.98　8012号台风期间浙江沿海代表潮位站实测潮位、天文潮位和风暴增水随时间变化

9）8406号台风风暴潮灾害（黄色）

8406号台风（Ed）于1984年7月31日（农历七月初四）20时在江苏省如东县沿海登陆，登陆时台风近中心最大风力11级（30 m/s），中心气压985 hPa，强度为强热带风暴；登陆后北上，8月2日17时在山东省日照市再次登陆，登陆时台风近中心最大风力5级（10 m/s），中心气压998 hPa。

浙江省沿海各站的最大增水均未超过1.0 m；有6个站的最高潮位超过当地警戒潮位，其中5个站超过当地蓝色警戒潮位，1个站超过当地黄色警戒潮位，定海站的最高潮位超过当地黄色警戒潮位0.14 m（图3.99和图3.100）。

未收集到浙江省沿海地区灾情资料。

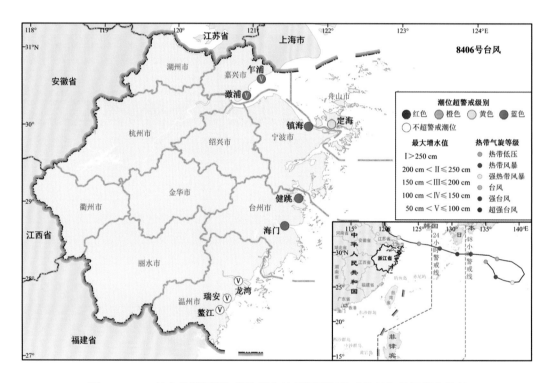

图3.99  8406号台风期间浙江沿海潮位站风暴潮超警戒等级与风暴增水等级

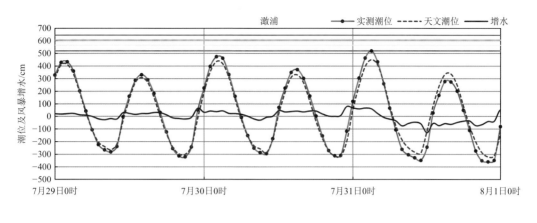

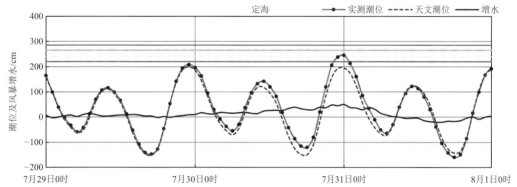

图3.100　8406号台风期间浙江沿海代表潮位站实测潮位、天文潮位和风暴增水随时间变化

10）8712号台风风暴潮灾害（黄色）

8712号台风（Gerald）于1987年9月10日（农历七月十八）19时在福建省晋江县登陆，登陆时台风近中心最大风力11级（30 m/s），中心气压975 hPa，强度为强热带风暴。

受其影响，浙江省沿海有5个站的最大增水超过1.0 m，鳌江站增水最大，为2.28 m；有7个站的最高潮位超过当地警戒潮位，其中5个站出现超过当地蓝色警戒潮位的高潮位，2个站出现超过当地黄色警戒潮位的高潮位，温州站的最高潮位超过当地黄色警戒潮位0.1 m（图3.101和图3.102）。

浙江省因灾死亡（含失踪）74人，直接经济损失5.39亿元。全省$5.01 \times 10^5$ hm²农田受淹，其中$2.25 \times 10^5$ hm²农作物成灾；4 730间房屋倒塌；417 km江堤、海塘受损。平阳县直接经济损失0.5亿元，全县50多个村庄受灾，受灾人口达5.25万人；$1.34 \times 10^4$ hm²农田受淹，$3.5 \times 10^3$ hm²农作物绝收；883间房屋倒塌；496处水利设施损毁；9 km公路、13座桥梁损坏。

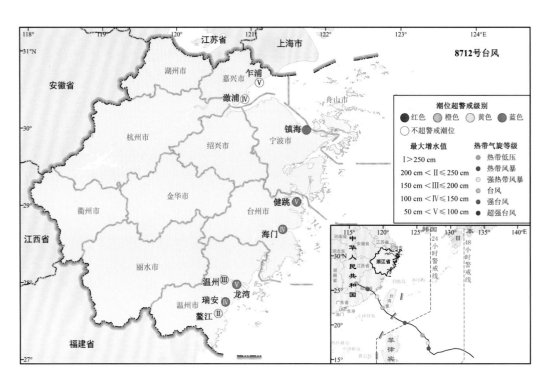

图3.101　8712号台风期间浙江沿海潮位站风暴潮超警戒等级与风暴增水等级

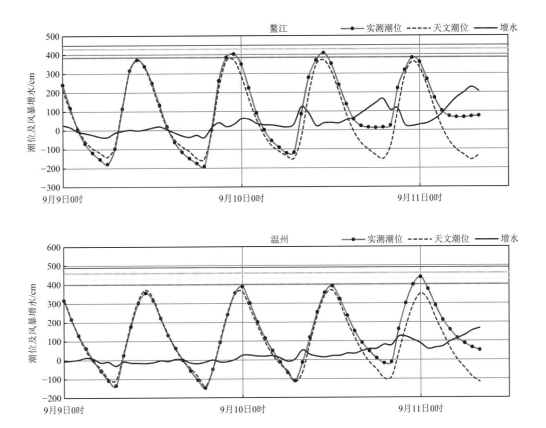

图3.102　8712号台风期间浙江沿海代表潮位站实测潮位、天文潮位和风暴增水随时间变化

11）8913号台风风暴潮灾害（黄色）

8913号台风（Ken、Lora）于1989年8月4日（农历七月初三）06—07时在上海市川沙县登陆，登陆时台风近中心最大风力10级（28 m/s），中心气压982 hPa，强度为强热带风暴。

受其影响，浙江省沿海有4个站的最大增水超过1.0 m；有6个站的最高潮位超过当地警戒潮位，其中4个站出现超过当地蓝色警戒潮位的高潮位，2个站出现超过当地黄色警戒潮位的高潮位，定海站超过当地黄色警戒潮位0.15 m（图3.103和图3.104）。

浙江省直接经济损失0.82亿元，未造成人员死亡（含失踪）。舟山市直接经济损失1 838.8万元，全市8 700 hm²农田受淹，1 000 hm²农作物成灾，粮食减产5 605.5 t；68间房屋倒塌，54间房屋损坏；35座码头受损；损失原盐3.5×10⁴ t；4 000张网被冲走，损失对虾1.25×10⁵ t，海鳗800 kg；修船场地一处倒塌。宁波市7.828 km海堤损毁，损失石方6.0×10⁴ m³，20余艘船只沉损，直接经济损失400万元。

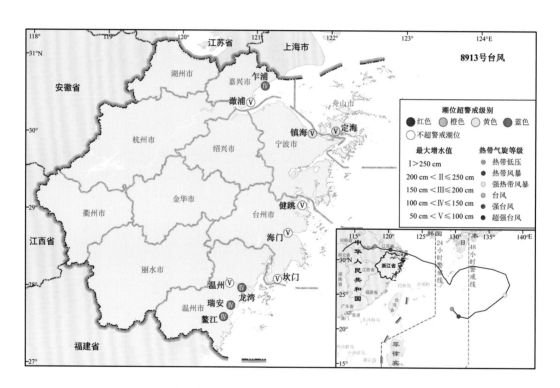

图3.103　8913号台风期间浙江沿海潮位站风暴潮超警戒等级与风暴增水等级

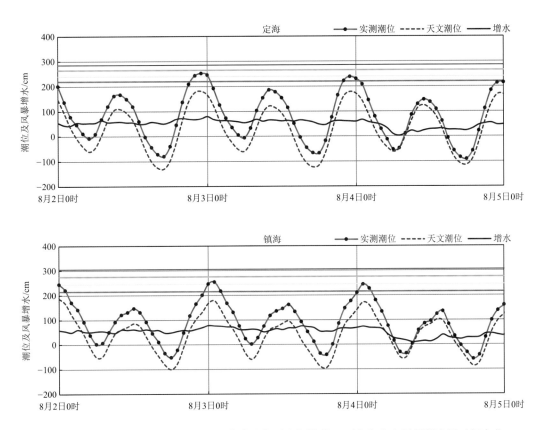

图3.104  8913号台风期间浙江沿海代表潮位站实测潮位、天文潮位和风暴增水随时间变化

12）9012号台风风暴潮灾害（黄色）

9012号台风（Yancy）于1990年8月19日（农历六月廿九）11时在台湾省基隆市附近登陆，登陆时台风近中心最大风力14级（45 m/s），中心气压955 hPa，强度为强台风，也是发展过程中的最强强度。台风穿过台湾海峡后，于20日10时在福建省福清县再次登陆，登陆时台风近中心最大风力9级（24 m/s），中心气压975 hPa，强度为热带风暴。台风于21日07时、12时先后在福建省莆田县、晋江县再次登陆，台风近中心最大风力8级（20 m/s），中心气压985 hPa，强度为热带风暴。

受其影响，浙江省沿海有5个站的最大增水超过1.0 m，鳌江站增水最大，为2.38 m；有5个站的最高潮位超过当地警戒潮位，其中3个站出现超过当地蓝色警戒潮位的高潮位，2个站出现超过当地黄色警戒潮位的高潮位，温州站的最高潮位超过当地黄色警戒潮位0.13 m（图3.105和图3.106）。

浙江省因灾死亡（含失踪）108人，直接经济损失5.67亿元。全省受灾农田面积$9.87 \times 10^4$ hm²，成灾$5.07 \times 10^4$ hm²，倒塌房屋2.33万间，冲毁堤防361 km。温州、台州、丽水、杭州等地区遭受不同程度灾害损失，最为严重的是温州市的泰顺县、文成县、瑞安县、苍南县、平阳县。平阳县北港地区一片汪洋，12.5万人被洪水围困，6个区、镇交通中断，受淹和围困时间长达72 h，5人死亡，13人受伤；532间民房倒塌；23 km海堤损坏；$1.8 \times 10^3$ hm²农作物受灾，直接经济损失2 800万元。苍南县藻溪镇街道进水，水深达1.2 m，670 hm²农田受淹。

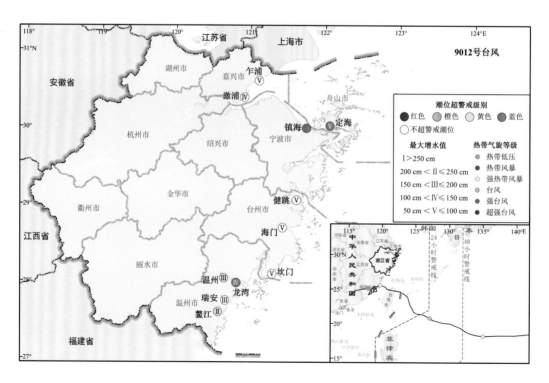

图3.105　9012号台风期间浙江沿海潮位站风暴潮超警戒等级与风暴增水等级

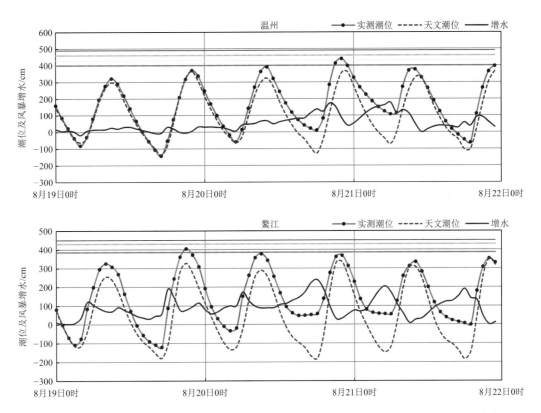

图3.106 9012号台风期间浙江沿海代表潮位站实测潮位、天文潮位和风暴增水随时间变化

### 13) 0407号台风风暴潮灾害（黄色）

0407号台风"蒲公英"（Mindulle）于2004年7月1日（农历五月十四）22—23时在台湾省花莲县附近沿海登陆，登陆时台风近中心最大风力达11级（30 m/s），中心气压980 hPa，强度为强热带风暴。7月3日09—10时在浙江省乐清市黄华镇再次登陆，登陆时台风近中心最大风力达10级（25 m/s），中心气压980 hPa，强度为强热带风暴。

受其影响，浙江省鳌江站的最大增水超过1.0 m，为1.61 m；沿海有4个站的最高潮位超过当地警戒潮位，其中3个站出现超过当地蓝色警戒潮位的高潮位，1个站出现超过当地黄色警戒潮位的高潮位，瑞安站的最高潮位超过当地黄色警戒潮位0.05 m（图3.107和图3.108）。

浙江省直接经济损失0.87亿元。1.76万人受灾；倒塌房屋100间；受灾农作物面积$1.41 \times 10^3$ hm²，其中成灾面积106 hm²。

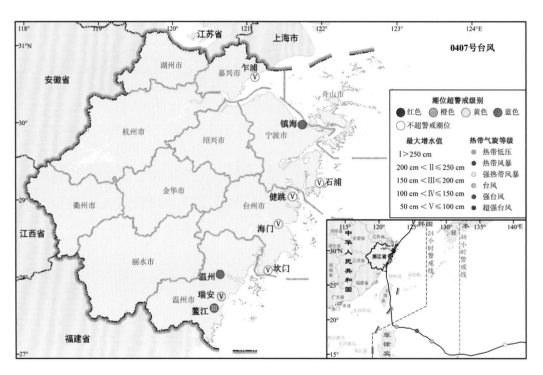

图3.107　0407号台风期间浙江沿海潮位站风暴潮超警戒等级与风暴增水等级

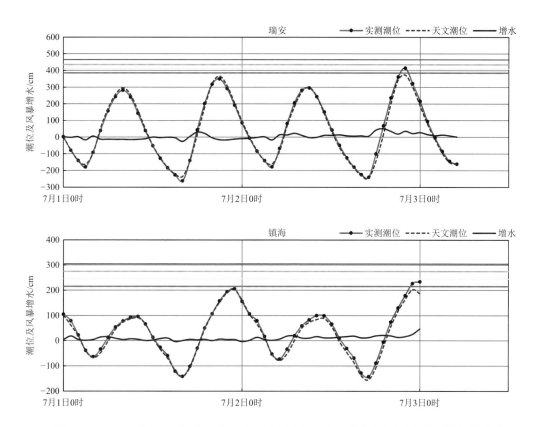

图3.108　0407号台风期间浙江沿海代表潮位站实测潮位、天文潮位和风暴增水随时间变化

14) 0505号台风风暴潮灾害（黄色）

0505号台风"海棠"（Haitang）于2005年7月18日（农历六月十三）在台湾省宜兰县沿海登陆，登陆时台风近中心最大风力14级（45 m/s），中心气压950 hPa，强度为强台风。7月19日17时10分在福建省连江县沿海再次登陆，登陆时台风近中心最大风力12级（33 m/s），中心气压975 hPa，强度为台风。

受其影响，浙江省沿海有4个站的最大增水超过1.0 m，瑞安站增水最大，为2.34 m；有3个站的最高潮位超过当地警戒潮位，其中1个站出现超过当地蓝色警戒潮位的高潮位，2个站出现达到或超过当地黄色警戒潮位的高潮位，温州站的最高潮位超过当地黄色警戒潮位0.24 m（图3.109和图3.110）。

浙江省直接经济损失6.07亿元。其中温州、台州两市共2.46×10$^4$ hm$^2$海洋水产养殖受灾，损失水产品3.49×10$^4$ t；593间水产加工厂房损毁；1.81 km海堤损毁；668艘船只沉没、损毁。

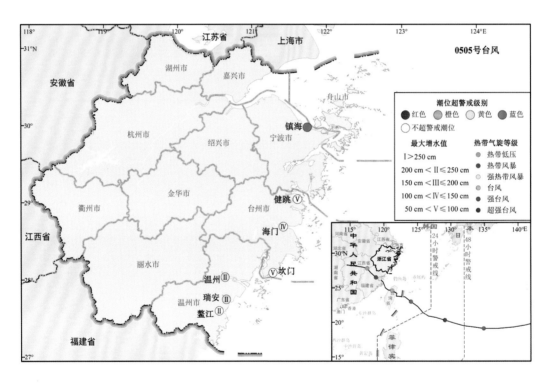

图3.109　0505号台风期间浙江沿海潮位站风暴潮超警戒等级与风暴增水等级

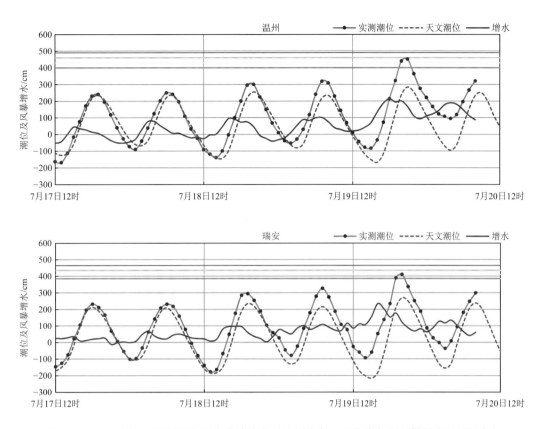

图3.110　0505号台风期间浙江沿海代表潮位站实测潮位、天文潮位和风暴增水随时间变化

15) 0514号台风风暴潮灾害（黄色）

0514号台风"彩蝶"（Nabi）于2005年9月3日至6日沿海北上，2日08时台风近中心最大风力17级（60 m/s），中心气压920 hPa，强度为超强台风。

受其影响，浙江省海门站最大增水超过1.0 m，为1.05 m；沿海有4个站的最高潮位超过当地警戒潮位，其中2个站超过当地蓝色警戒潮位，2个站超过当地黄色警戒潮位，镇海站、定海站的最高潮位超过当地黄色警戒潮位0.03 m（图3.111和图3.112）。

未收集到浙江省沿海地区灾情资料。

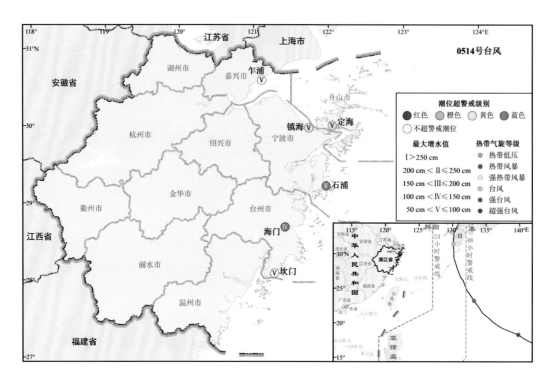

图3.111　0514号台风期间浙江沿海潮位站风暴潮超警戒等级与风暴增水等级

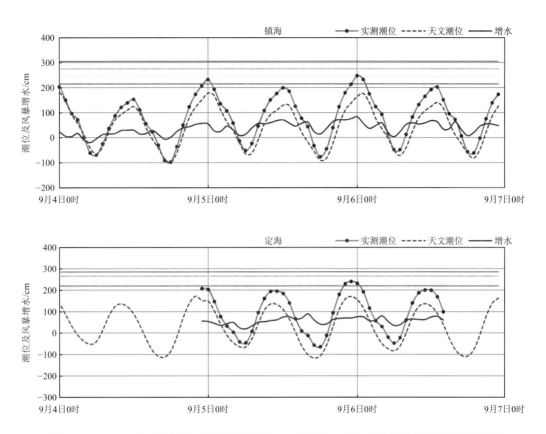

图3.112　0514号台风期间浙江沿海代表潮位站实测潮位、天文潮位和风暴增水随时间变化

16）1111号台风风暴潮灾害（黄色）

1111号台风"南玛都"（Nanmadol）于2011年8月29日（农历八月初一）04时25分在台湾省台东县大武乡沿海登陆，登陆时台风近中心最大风力12级（33 m/s），中心气压975 hPa，强度为台风。后于31日09时10分在福建省惠安县沿海登陆，登陆时台风近中心最大风力8级（18 m/s），中心气压994 hPa，强度为热带风暴。

受其影响，浙江省沿海有4个站的最大增水超过1.0 m，鳌江站增水最大，为1.58 m；有9个站的最高潮位超过当地警戒潮位，其中6个站超过当地蓝色警戒潮位，3个站超过当地黄色警戒潮位，温州站的最高潮位超过当地黄色警戒潮位0.11 m（图3.113和图3.114）。

未收集到浙江省沿海地区灾情资料。

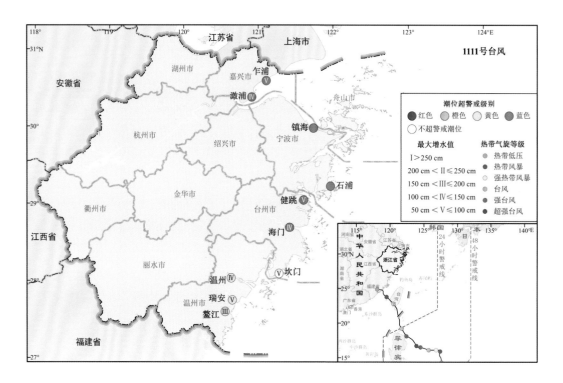

图3.113　1111号台风期间浙江沿海潮位站风暴潮超警戒等级与风暴增水等级

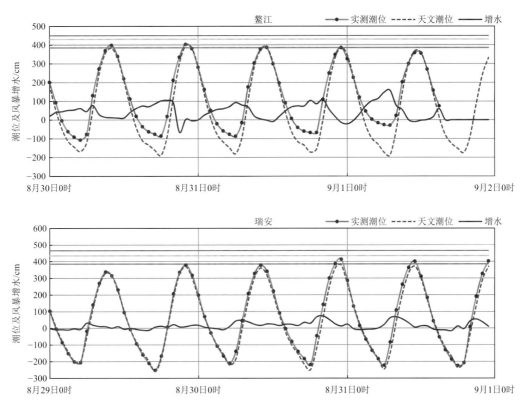

图3.114　1111号台风期间浙江沿海代表潮位站实测潮位、天文潮位和风暴增水随时间变化

17）1209号台风风暴潮灾害（黄色）

1209号台风"苏拉"（Saola）于2012年8月2日（农历六月十五）03时15分在台湾省花莲县沿海登陆，登陆时台风近中心最大风力13级（40 m/s），中心气压960 hPa，强度为台风。后于3日07时50分在福建省福鼎市秦屿镇沿海登陆，登陆时台风近中心最大风力10级（25 m/s），中心气压985 hPa，强度为强热带风暴。

受其影响，浙江省沿海有8个站的最大增水超过1.0 m，澉浦站增水最大，为1.66 m；有12个站的最高潮位超过当地警戒潮位，其中3个站超过当地蓝色警戒潮位，9个站超过当地黄色警戒潮位，镇海站的最高潮位超过当地黄色警戒潮位0.24 m（图3.115和图3.116）。

浙江省直接经济损失1 649万元。水产养殖受灾面积2 914 hm²；养殖设施设备损失2 235个；船只损毁10艘；损毁码头14座、防波堤365 m，损毁海堤、护岸5 646 m。

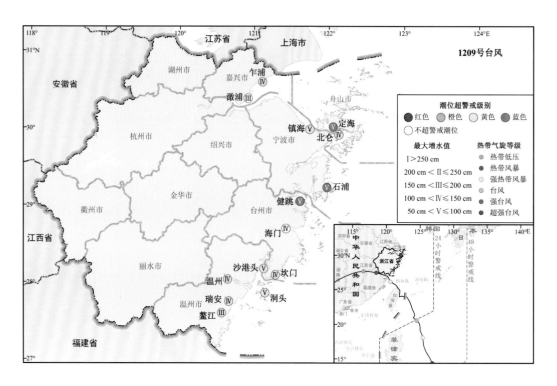

图3.115　1209号台风期间浙江沿海潮位站风暴潮超警戒等级与风暴增水等级

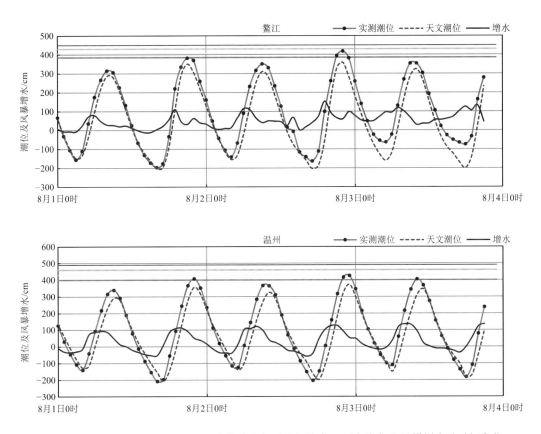

图3.116  1209号台风期间浙江沿海代表潮位站实测潮位、天文潮位和风暴增水随时间变化

18）1214号、1215号台风风暴潮灾害（黄色）

1214号台风"天秤"（Tembin）于2012年8月24日（农历七月初八）05时15分前后在台湾省屏东县沿海登陆，登陆时台风近中心最大风力14级（45 m/s），中心气压945 hPa，强度为强台风，登陆后在浙江海域北上。1215号台风"布拉万"（Bolaven）于2012年8月25日至28日沿海北上，25日20时台风近中心最大风力16级以上（55 m/s），中心气压920 hPa，强度为超强台风。

受双台风影响，浙江省沿海有6个站的最大增水超过1.0 m，乍浦站增水最大，为1.62 m；有2个站的最高潮位超过当地黄色警戒潮位，镇海站的最高潮位超过当地黄色警戒潮位0.25 m（图3.117和图3.118）。

浙江省直接经济损失0.54亿元，无人员伤亡。其中水产养殖受灾面积241 hm²，船只损毁8艘，损坏渔港码头420 m，损毁防波堤120 m、海堤和护岸82 m。

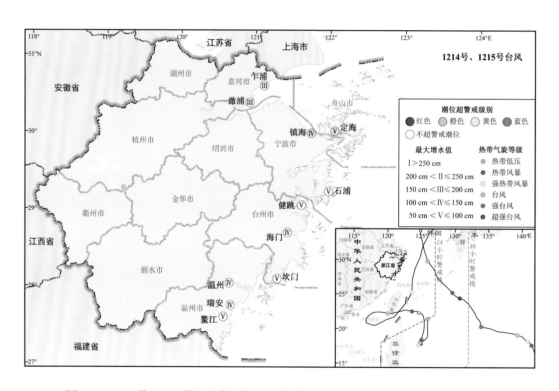

图3.117　1214号、1215号台风期间浙江沿海潮位站风暴潮超警戒等级与风暴增水等级

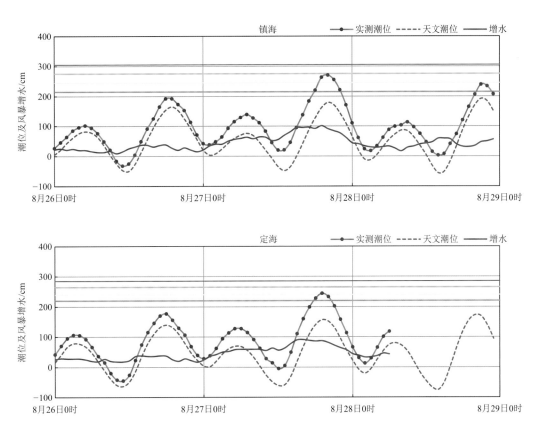

图3.118 1214号、1215号台风期间浙江沿海代表潮位站实测潮位、天文潮位和风暴增水随时间变化

19）1509号台风风暴潮灾害（黄色）

1509号台风"灿鸿"（Chan-hom）于2015年7月10—12日沿东海北上，10日（农历五月廿五）14时最大风力16级（55 m/s），台风近中心气压935 hPa，强度为超强台风。11日下午在浙江省舟山市沿海擦肩而过，当晚在杭州湾附近减弱为台风，12日早晨在黄海海域减弱为强热带风暴。

浙江省沿海有11个站的最大增水超过1.0 m，澉浦站增水最大，达3.16 m；有3个站的最高潮位超过当地黄色警戒潮位，镇海站的最高潮位超过当地黄色警戒潮位0.27 m（图3.119和图3.120）。

受其影响，浙江省直接经济损失10.22亿元，未造成人员死亡。其中，水产养殖受灾面积$2.55 \times 10^4$ hm$^2$，水产养殖损失产量$5.55 \times 10^4$ t，养殖设施设备损失$2.55 \times 10^4$个，直接经济损失7.64亿元；船只沉没5艘，损毁578艘，直接经济损失1 109万元；房屋损坏116间，直接经济损失697万元；码头损毁2 777 m，防波堤损毁4 946 m，海堤、护岸损毁$2.56 \times 10^4$ m，道路损毁4 785 m，直接经济损失2.25亿元；其他经济损失1 546万元。此次灾害过程导致台州市坎门渔港（图3.121）、健跳渔港和宁波市石浦渔港（图3.122）等地的海堤、护岸多处受损，对台州市、宁波市和舟山市的海水养殖业影响较大（图3.123）。

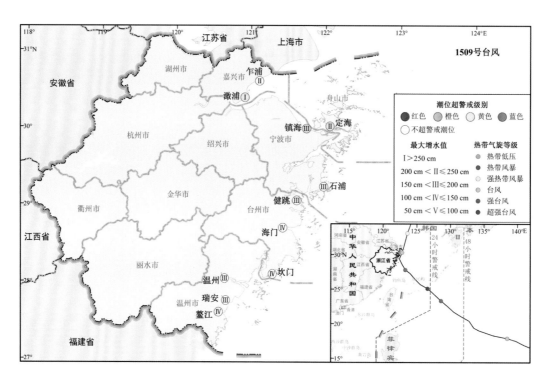

图3.119　1509号台风期间浙江沿海潮位站风暴潮超警戒等级与风暴增水等级

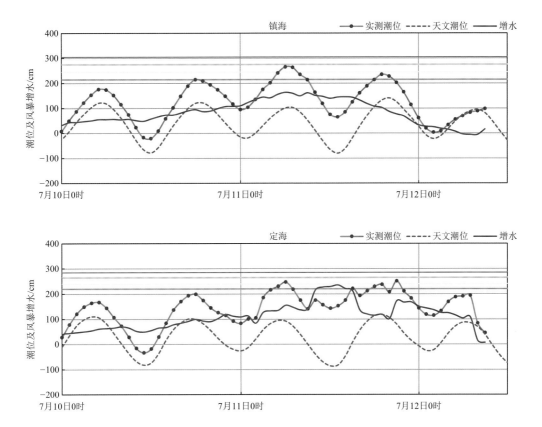

图3.120　1509号台风期间浙江沿海代表潮位站实测潮位、天文潮位和风暴增水随时间变化

图3.121　1509号台风"灿鸿"造成坎门中心渔港防波堤受损
（图片来源：《2015年浙江省海洋灾害公报》）

图3.122　1509号台风"灿鸿"造成石浦中心渔港护岸受损
（图片来源：《2015年浙江省海洋灾害公报》）

图3.123　1509号台风"灿鸿"造成象山县鹤浦镇部分渔排养殖设施受损
（图片来源：《2015年浙江省海洋灾害公报》）

## 3.4　超蓝色警戒潮位台风风暴潮

1949—2020年共有36次超蓝色警戒潮位的热带气旋影响浙江省海域，并引发台风风暴潮灾害（表3.4）。其中，Ⅰ型路径台风8个，占比22%；Ⅱ型路径台风10个，占比28%；Ⅲ型路径台风8个，占比22%；Ⅳ型路径台风10个，占比28%，登陆浙江省的台风有6个（图3.124）。超蓝色警戒潮位的台风风暴潮灾害共造成全省768人死亡（含失踪），直接经济损失54.12亿元。其中，造成全省死亡（含失踪）人数最多的是6214号台风（Amy），为224人；造成直接经济损失最多的是8909号台风（Hope），为12.8亿元。

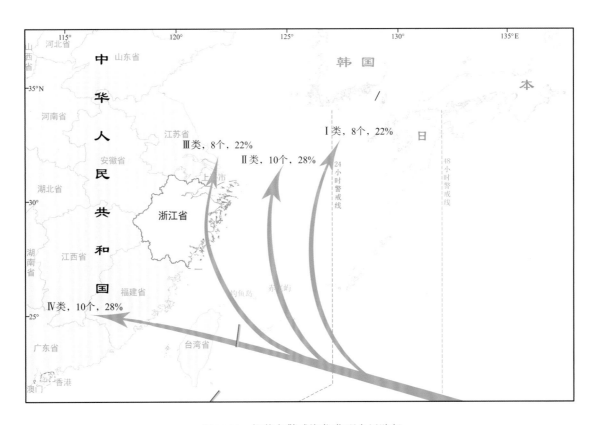

图3.124　超蓝色警戒潮位典型台风路径

表3.4 超蓝色警戒潮位台风统计情况

| 序号 | 中央气象台编号 | 中英文名称 | 影响时间 | 强度 | 中心气压极值/hPa | 最大风速极值/(m/s) | 台风类型 | 风暴潮警报级别 | 潮位站超警戒情况/个 | | | | | 直接经济损失/亿元 | 死亡（含失踪）人数 |
|---|---|---|---|---|---|---|---|---|---|---|---|---|---|---|---|
| | | | | | | | | | 超红色警戒潮位 | 超橙色警戒潮位 | 超黄色警戒潮位 | 超蓝色警戒潮位 | 增水超1m | | |
| 1 | 5116 | Marge | 8月18日至8月21日 | 超强台风 | 886 | 90 | 西转向 | 蓝 | 0 | 0 | 0 | 4 | 3 | — | 0 |
| 2 | 5123 | Ruth | 10月13日至10月14日 | 超强台风 | 924 | 75 | 中转向 | 蓝 | 0 | 0 | 0 | 2 | 1 | — | — |
| 3 | 5216 | Mary | 9月2日至9月3日 | 台风 | 985 | 35 | 登陆福建福清 | 蓝 | 0 | 0 | 0 | 2 | 1 | — | — |
| 4 | 5410 | Grace | 8月16日至8月17日 | 超强台风 | 940 | 55 | 中转向 | 蓝 | 0 | 0 | 0 | 3 | 1 | — | — |
| 5 | 6014 | Carmen | 8月19日至8月23日 | 台风 | 974 | 40 | 西转向 | 蓝 | 0 | 0 | 0 | 1 | 2 | — | — |
| 6 | 6214 | Amy | 9月4日至9月7日 | 超强台风 | 935 | 65 | 登陆台湾花莲、福建连江 | 蓝 | 0 | 0 | 0 | 2 | 4 | 8.2 | 224 |
| 7 | 6614 | Alice | 9月1日至9月4日 | 超强台风 | 937 | 60 | 登陆福建罗源 | 蓝 | 0 | 0 | 0 | 1 | 1 | — | — |
| 8 | 6617 | Elsie | 9月16日至9月17日 | 超强台风 | 943 | 55 | 登陆台湾恒春 | 蓝 | 0 | 0 | 0 | 1 | 1 | — | — |
| 9 | 7008 | Billie | 8月28日至8月31日 | 超强台风 | 945 | 55 | 西转向 | 蓝 | 0 | 0 | 0 | 1 | 1 | — | — |
| 10 | 7122 | Agnes | 9月17日至9月20日 | 台风 | 976 | 40 | 登陆台湾花莲—台东、福建惠安 | 蓝 | 0 | 0 | 0 | 2 | 2 | — | — |
| 11 | 7308 | Iris | 8月14日至8月17日 | 台风 | 972 | 40 | 中转向 | 蓝 | 0 | 0 | 0 | 1 | 0 | — | — |
| 12 | 7408 | Gilda | 7月4日至7月7日 | 台风 | 944 | 40 | 中转向 | 蓝 | 0 | 0 | 0 | 1 | 2 | — | — |

（续表）

| 序号 | 中央气象台编号 | 中英文名称 | 影响时间 | 强度 | 中心气压极值/hPa | 最大风速极值/(m/s) | 台风类型 | 风暴潮警报级别 | 潮位站超警戒情况/个 | | | | | 直接经济损失/亿元 | 死亡（含失踪）人数 |
| --- | --- | --- | --- | --- | --- | --- | --- | --- | --- | --- | --- | --- | --- | --- | --- |
| | | | | | | | | | 超红色警戒潮位 | 超橙色警戒潮位 | 超黄色警戒潮位 | 超蓝色警戒潮位 | 增水超1m | | |
| 13 | 7504 | Ora | 8月10日至8月13日 | 台风 | 970 | 40 | 登陆浙江温岭 | 蓝 | 0 | 0 | 0 | 2 | 5 | 4.07 | 179 |
| 14 | 7617 | Fran | 9月8日至9月12日 | 超强台风 | 912 | 65 | 中转向 | 蓝 | 0 | 0 | 0 | 1 | 2 | — | — |
| 15 | 7705 | Vera | 7月30日至8月2日 | 超强台风 | 925 | 55 | 登陆台湾基隆、福建惠安 | 蓝 | 0 | 0 | 0 | 3 | 1 | — | — |
| 16 | 7803 | Rose | 6月22日至6月25日 | 强热带风暴 | 990 | 25 | 登陆浙江新港 | 蓝 | 0 | 0 | 0 | 1 | 0 | — | — |
| 17 | 7805 | Trix | 7月21日至7月24日 | 台风 | 970 | 40 | 登陆浙江宁海—三门 | 蓝 | 0 | 0 | 0 | 1 | 0 | — | — |
| 18 | 8107 | Maury | 7月19日至7月21日 | 强热带风暴 | 987 | 30 | 西转向 | 蓝 | 0 | 0 | 0 | 1 | 1 | — | — |
| 19 | 8506 | Jeff | 7月30日至8月1日 | 台风 | 965 | 40 | 登陆浙江玉环 | 蓝 | 0 | 0 | 0 | 2 | 2 | 3.14 | 213 |
| 20 | 8509 | Mamie | 8月17日至8月20日 | 台风 | 980 | 35 | 登陆江苏启东、山东青岛、辽宁大连 | 蓝 | 0 | 0 | 0 | 2 | 1 | — | — |
| 21 | 8615 | Vera | 8月25日至8月28日 | 超强台风 | 923 | 60 | 西转向 | 蓝 | 0 | 0 | 0 | 1 | 8 | 近亿 | 16 |
| 22 | 8617 | Abby | 9月17日至9月20日 | 强台风 | 942 | 50 | 登陆台湾莲花 | 蓝 | 0 | 0 | 0 | 6 | 1 | — | 3 |
| 23 | 8818 | Lee | 9月22日至9月24日 | 强热带风暴 | 980 | 30 | 中转向 | 蓝 | 0 | 0 | 0 | 2 | 1 | — | — |
| 24 | 8909 | Hope | 7月18日至7月21日 | 台风 | 975 | 40 | 登陆浙江象山 | 蓝 | 0 | 0 | 0 | 2 | 3 | 12.8 | 132 |

（续表）

| 序号 | 中央气象台编号 | 中英文名称 | 影响时间 | 强度 | 中心气压极值/hPa | 最大风速极值/(m/s) | 台风类型 | 风暴潮警报级别 | 潮位站超警收情况/个 | | | | | 直接经济损失/亿元 | 死亡（含失踪）人数 |
| --- | --- | --- | --- | --- | --- | --- | --- | --- | --- | --- | --- | --- | --- | --- | --- |
| | | | | | | | | | 超红色警戒潮位 | 超橙色警戒潮位 | 超黄色警戒潮位 | 超蓝色警戒潮位 | 增水超1 m | | |
| 25 | 8921 | Sarah | 9月10日至9月13日 | 超强台风 | 945 | 55 | 登陆台湾新港—莲花、福建霞浦 | 蓝 | 0 | 0 | 0 | 2 | 0 | — | — |
| 26 | 9123 | Ruth | 10月30日至10月31日 | 超强台风 | 910 | 60 | 南海转向 | 蓝 | 0 | 0 | 0 | 1 | 2 | — | — |
| 27 | 9414 | Doug | 8月8日至8月9日 | 强台风 | 935 | 50 | 登陆台湾基隆、江苏如东 | 蓝 | 0 | 0 | 0 | 2 | 2 | — | — |
| 28 | 9806 | Todd | 9月16日至9月19日 | 台风 | 960 | 40 | 登陆舟山普陀 | 蓝 | 0 | 0 | 0 | 2 | 0 | 7.80 | 1 |
| 29 | 0205 | 威玛逊 Rammasun | 7月3日至7月4日 | 强台风 | 950 | 45 | 西转向 | 蓝 | 0 | 0 | 0 | 1 | 8 | 12.75 | 0 |
| 30 | 0603 | 艾云尼 Ewiniar | 7月8日至7月10日 | 超强台风 | 935 | 55 | 中转向 | 蓝 | 0 | 0 | 0 | 1 | 1 | — | — |
| 31 | 0815 | 蔷薇 Jangmi | 9月28日至9月30日 | 超强台风 | 910 | 65 | 登陆台湾省宜兰县 | 蓝 | 0 | 0 | 0 | 2 | 0 | 0.3 | 0 |
| 32 | 1004 | 电母 Dianmu | 8月9日至8月10日 | 强热带风暴 | 980 | 30 | 中转向 | 蓝 | 0 | 0 | 0 | 2 | 0 | — | — |
| 33 | 1010 | 莫兰蒂 Meranti | 9月9日至9月10日 | 台风 | 970 | 35 | 登陆福建石狮 | 蓝 | 0 | 0 | 0 | 1 | 0 | — | — |
| 34 | 1617 | 鲇鱼 Megi | 9月26日至9月29日 | 超强台风 | 940 | 52 | 登陆台湾花莲、福建泉州 | 蓝 | 0 | 0 | 0 | 6 | 6 | 0.83 | 0 |
| 35 | 1718 | Talim泰利 | 9月13日至9月17日 | 超强台风 | 935 | 52 | 西转向 | 蓝 | 0 | 0 | 0 | 3 | 2 | 0.68 | 0 |
| 36 | 2004 | 黑格比 Hagupit | 8月3日至8月4日 | 台风 | 965 | 38 | 登陆浙江乐清 | 蓝 | 0 | 0 | 0 | 1 | 5 | 3.55 | 0 |

"—"表示未收集到数据。

1）5116号台风风暴潮灾害（蓝色）

5116号台风（Marge）于1951年8月21日（农历七月十九）在长江口附近转向，先后影响上海、江苏和山东沿海。过程最强台风近中心最大风力17级以上（90 m/s），中心气压886 hPa，强度为超强台风。

受其影响，浙江省沿海有3个站的最大增水超过1.0 m，其中镇海站增水最大，达1.50 m；有4个站的最高潮位超过当地蓝色警戒潮位，镇海站的最高潮位超过当地蓝色警戒潮位0.19 m（图3.125和图3.126）。浙江省沿海2.08×10⁴hm²农田受淹。

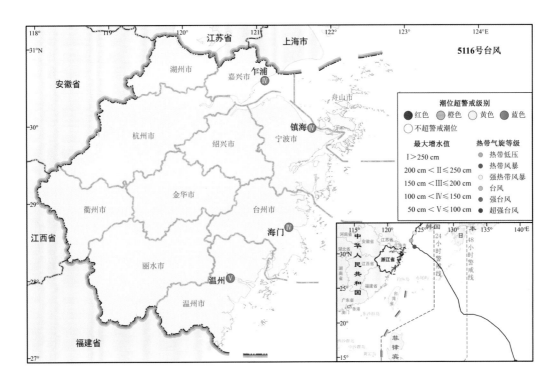

图3.125　5116号台风期间浙江沿海潮位站风暴潮超警戒等级与风暴增水等级

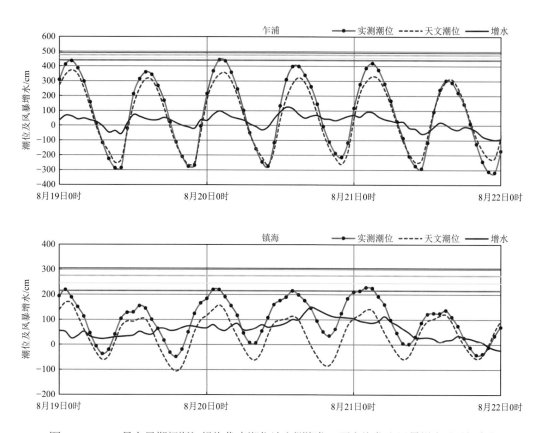

图3.126　5116号台风期间浙江沿海代表潮位站实测潮位、天文潮位和风暴增水随时间变化

2）5123号台风风暴潮灾害（蓝色）

5123号台风（Ruth）于1951年10月13日（农历九月十三）进入东海海域并北上行，14日起向东北方向移动。过程最强台风近中心最大风力17级以上（75 m/s），中心最低气压924 hPa，强度为超强台风。

受其影响，浙江省沿海的海门站最大增水超过1.0 m，为1.06 m；沿海有2个站的最高潮位超过当地蓝色警戒潮位，海门站的最高潮位超过当地蓝色警戒潮位0.27 m（图3.127和图3.128）。

未收集到浙江省沿海地区灾情资料。

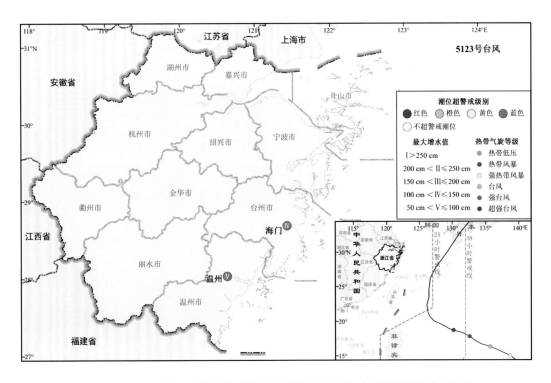

图3.127　5123号台风期间浙江沿海潮位站风暴潮超警戒等级与风暴增水等级

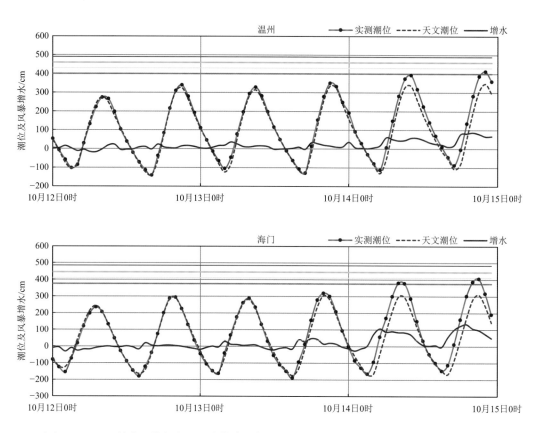

图3.128　5123号台风期间浙江沿海代表潮位站实测潮位、天文潮位和风暴增水随时间变化

3）5216号台风风暴潮灾害（蓝色）

5216号台风（Mary）于1952年9月1日（农历七月十三）18时登陆福建省福清县沿海，登陆时台风近中心最大风力8级（20 m/s），中心气压992 hPa，强度为热带风暴；登陆后向东北方向移动，之后在江苏省南部出海。

受其影响，浙江省沿海的温州站最大增水超过1.0 m，为1.19 m；沿海有2个站的最高潮位超过当地蓝色警戒潮位，温州站的最高潮位超过当地蓝色警戒潮位0.29 m（图3.129和图3.130）。

未收集到浙江省沿海地区灾情资料。

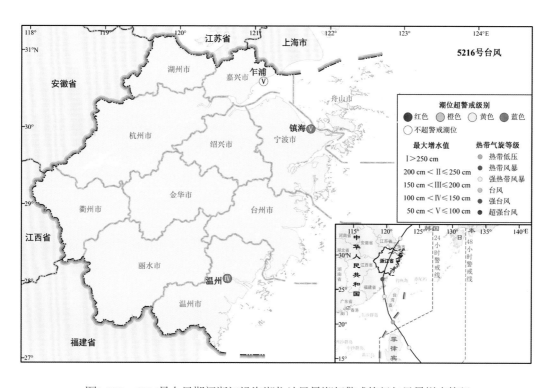

图3.129　5216号台风期间浙江沿海潮位站风暴潮超警戒等级与风暴增水等级

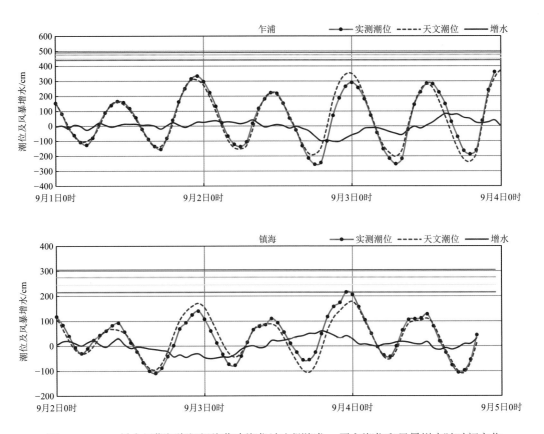

图3.130　5216号台风期间浙江沿海代表潮位站实测潮位、天文潮位和风暴增水随时间变化

### 4）5410号台风风暴潮灾害（蓝色）

5410号台风（Grace）于1954年8月16日（农历七月十八）前后在东海海域转向，过程最强台风近中心最大风力16级（55 m/s），中心气压940 hPa，强度为超强台风。

受其影响，浙江省沿海的海门站最大增水超过1.0 m，为1.02 m；沿海有2个站的最高潮位超过当地蓝色警戒潮位，海门站的最高潮位超过当地蓝色警戒潮位0.11 m（图3.131和图3.132）。

未收集到浙江省沿海地区灾情资料。

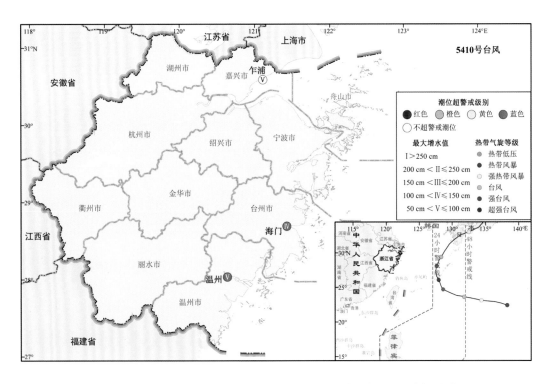

图3.131　5410号台风期间浙江沿海潮位站风暴潮超警戒等级与风暴增水等级

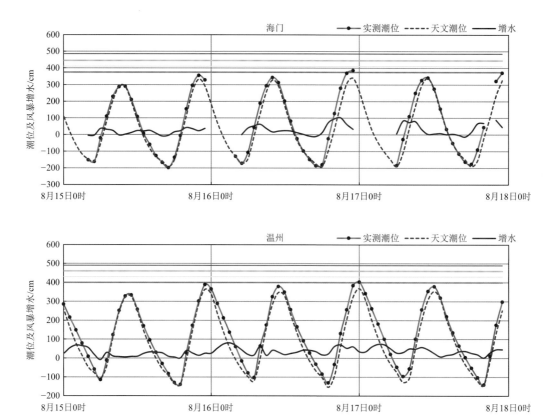

图3.132　5410号台风期间浙江沿海代表潮位站实测潮位、天文潮位和风暴增水随时间变化

### 5）6014号台风风暴潮灾害（蓝色）

6014号台风（Carmen）于1960年8月20日（农历六月廿八）在琉球群岛以东洋面向西北方向移动，21日上午进入东海东部海面后北上，23日进入黄海，之后登陆韩国。过程最强台风近中心最大风力13级（40 m/s），中心气压974 hPa，强度为台风。

受其影响，浙江省沿海有2个站的最大增水超过1.0 m，龙湾站增水最大，达1.46 m；镇海站的最高潮位超过当地蓝色警戒潮位0.21 m（图3.133和图3.134）。

未收集到浙江省沿海地区灾情资料。

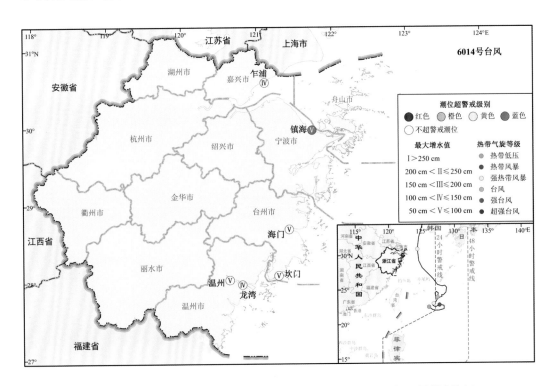

图3.133　6014号台风期间浙江沿海潮位站风暴潮超警戒等级与风暴增水等级

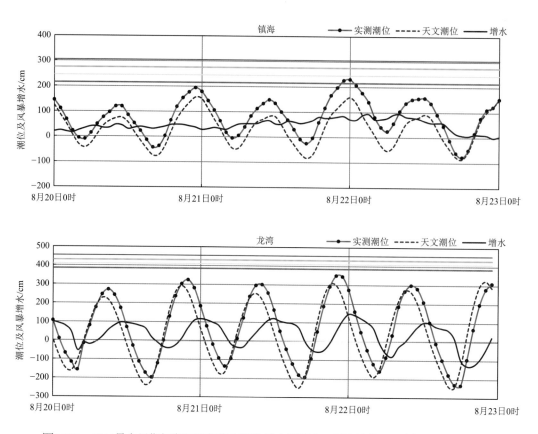

图3.134　6014号台风期间浙江沿海代表潮位站实测潮位、天文潮位和风暴增水随时间变化

6) 6214号台风风暴潮灾害（蓝色）

6214号台风（Amy）于1962年9月5日（农历八月初七）10时在台湾省花莲县沿海登陆，登陆时台风近中心最大风力15级（50 m/s），中心气压952 hPa，强度为强台风；9月6日03—04时在福建省连江县再次登陆，登陆时台风近中心最大风力超过11级（30 m/s），中心气压978 hPa，强度为强热带风暴，登陆后向偏北方向移动，在6日13时左右进入浙江省，经过丽水、金华、杭州、湖州地区，于7日03时出浙江省进入江苏省后移入黄海。

受其影响，浙江省沿海有4个站的最大增水超过1.0 m，温州站增水最大，达3.53 m；有2个站超过当地蓝色警戒潮位，瑞安站的最高潮位超过当地蓝色警戒潮位0.04 m（图3.135和图3.136）。

浙江省因灾死亡（含失踪）224人，直接经济损失8.2亿元；$6.85 \times 10^5$ hm$^2$农田受灾，$3.33 \times 10^3$ hm$^2$农田成灾；4.1万间房屋倒塌。

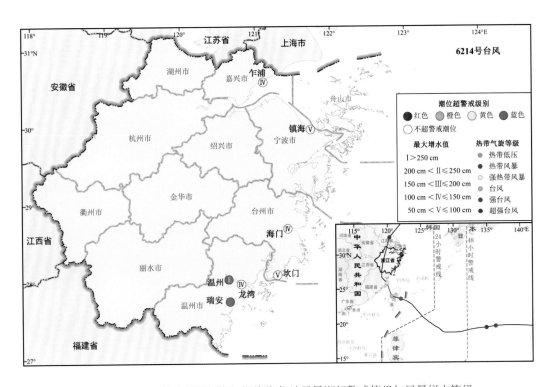

图3.135　6214号台风期间浙江沿海潮位站风暴潮超警戒等级与风暴增水等级

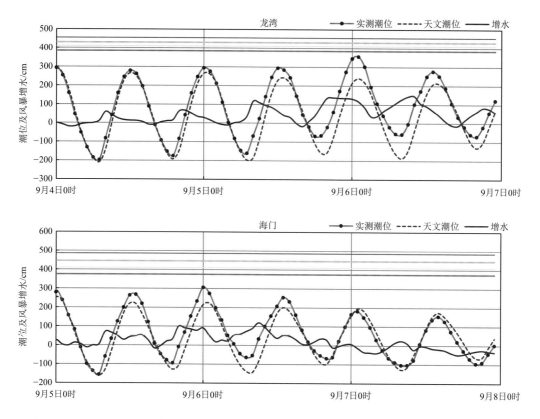

图3.136 6214号台风期间浙江沿海代表潮位站实测潮位、天文潮位和风暴增水随时间变化

7）6614号台风风暴潮灾害（蓝色）

6614号台风（Alice）于1966年9月3日（农历七月十九）14时在福建省罗源县沿海登陆，登陆时台风近中心最大风力14级（45 m/s），中心气压965 hPa，强度为强台风。

受其影响，浙江省瑞安站最大增水超过1.0 m，为1.25 m，温州站、龙湾站和坎门站亦发生增水，最大增水低于1.0 m；瑞安站的最高潮位超过当地蓝色警戒潮位0.09 m（图3.137和图3.138）。

未收集到浙江省沿海地区灾情资料。

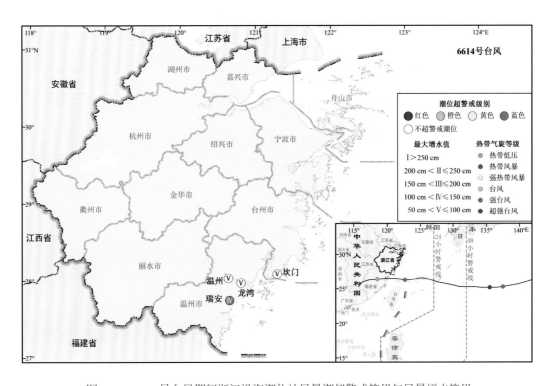

图3.137　6614号台风期间浙江沿海潮位站风暴潮超警戒等级与风暴增水等级

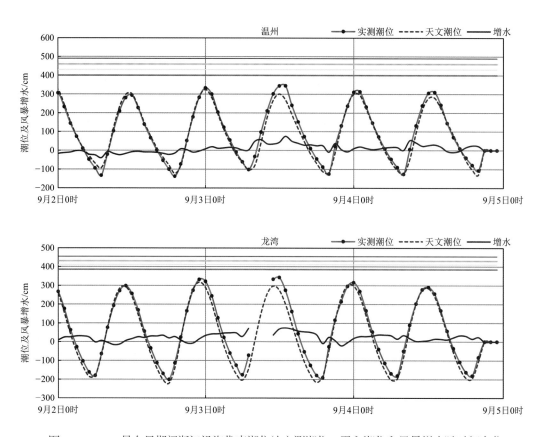

图3.138　6614号台风期间浙江沿海代表潮位站实测潮位、天文潮位和风暴增水随时间变化

8）6617号台风风暴潮灾害（蓝色）

6617号台风（Elsie）于1966年9月16日（农历八月初二）08—09时在台湾省屏东县恒春镇沿海登陆，登陆时台风近中心最大风力12级（35 m/s），中心气压976 hPa，强度为台风。

受其影响，浙江省瑞安站最大增水超过1.0 m，为1.50 m（图3.139）；瑞安站的最高潮位超过当地蓝色警戒潮位0.01 m。

未收集到浙江省沿海地区灾情资料。

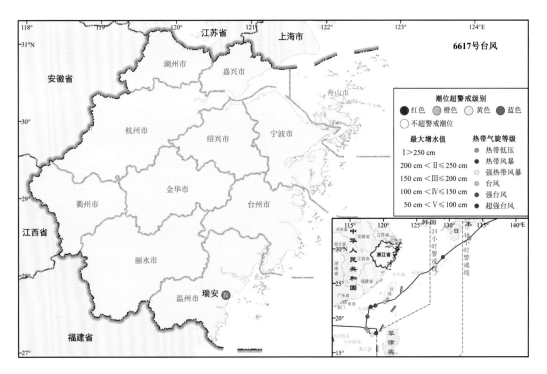

图3.139　6617号台风期间浙江沿海潮位站风暴潮超警戒等级与风暴增水等级

9）7008号台风风暴潮灾害（蓝色）

7008号台风（Billie）于1970年8月27—29日于东海北上，8月28日（农历七月廿七）08时最大风力16级（55 m/s），台风近中心气压945 hPa，强度为超强台风。

受其影响，浙江省有1个站的最大增水超过1 m，为乍浦站，增水为1.05 m；镇海站的最高潮位超过当地蓝色警戒潮位0.17 m（图3.140和图3.141）。

未收集到浙江省沿海地区灾情资料。

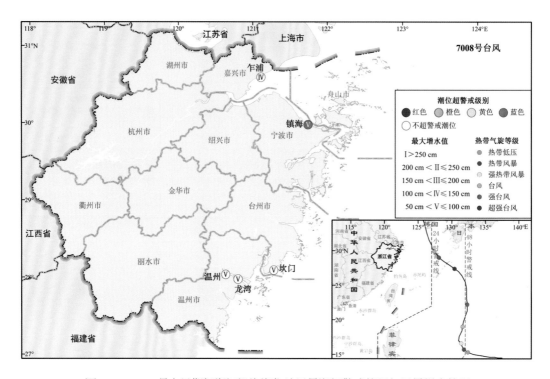

图3.140　7008号台风期间浙江沿海潮位站风暴潮超警戒等级与风暴增水等级

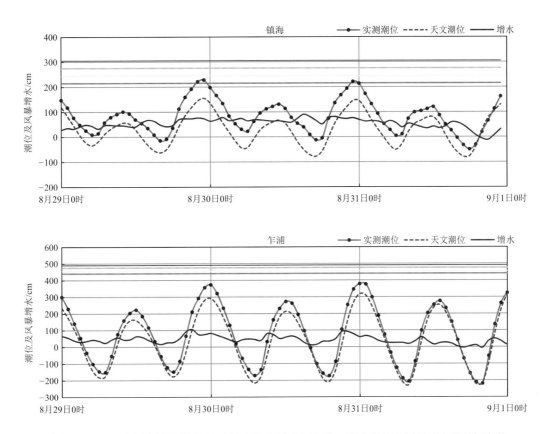

图3.141  7008号台风期间浙江沿海代表潮位站实测潮位、天文潮位和风暴增水随时间变化

10）7122号台风风暴潮灾害（蓝色）

7122号台风（Agnes）于1971年9月18日（农历七月廿九）20—21时登陆台湾省花莲县至台东县一带沿海，登陆时台风近中心最大风力12级，中心气压976 hPa，强度为台风。之后于9月19日17时在福建省惠安县沿海登陆，登陆时台风近中心最大风力10级（25 m/s），中心气压992 hPa，强度为强热带风暴。

受其影响，浙江省有2个站的最大增水超过1.0 m，镇海站增水最大，为1.32 m；有2个站出现超过当地蓝色警戒潮位的高潮位，镇海站的最高潮位超过当地蓝色警戒潮位0.12 m（图3.142和图3.143）。

未收集到浙江省沿海地区灾情资料。

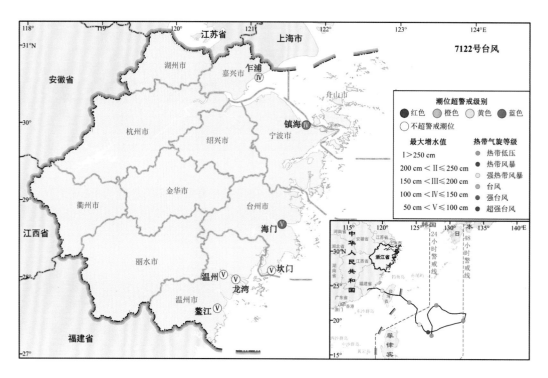

图3.142　7122号台风期间浙江沿海潮位站风暴潮超警戒等级与风暴增水等级

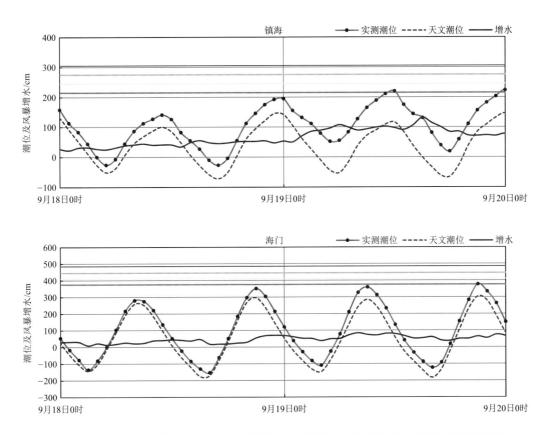

图3.143　7122号台风期间浙江沿海代表潮位站实测潮位、天文潮位和风暴增水随时间变化

11）7308号台风风暴潮灾害（蓝色）

7308号台风（Iris）于1973年8月12日至17日沿海北上，13日20时近中心最大风力13级（40 m/s），中心气压972 hPa，强度为台风。

台风影响期间，浙江省沿海各站的最大增水均未超过1.0 m；镇海站的最高潮位超过当地蓝色警戒潮位0.03 m（图3.144和图3.145）。

未收集到浙江省沿海地区灾情资料。

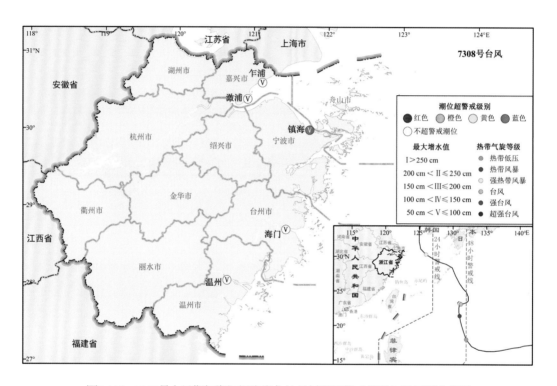

图3.144　7308号台风期间浙江沿海潮位站风暴潮超警戒等级与风暴增水等级

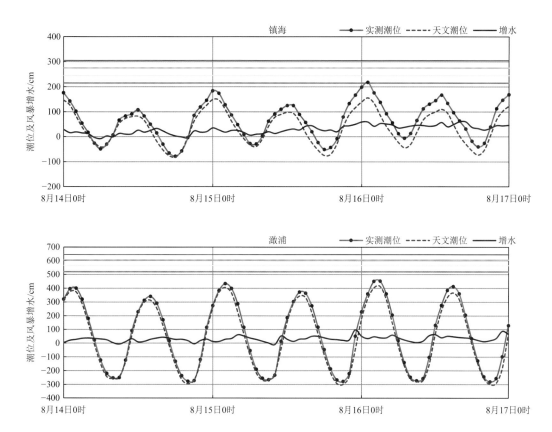

图3.145　7308号台风期间浙江沿海代表潮位站实测潮位、天文潮位和风暴增水随时间变化

12）7408号台风风暴潮灾害（蓝色）

7408号台风（Gilda）于1974年7月4日至7日沿海北上，4日20时近中心最大风力13级（40 m/s），中心气压944 hPa，强度为台风。

受其影响，浙江省沿海有2个站的最大增水超过1.0 m，海门站增水最大，为1.18 m；镇海站的最高潮位超过当地蓝色警戒潮位0.06 m（图3.146和图3.147）。

未收集到浙江省沿海地区灾情资料。

图3.146　7408号台风期间浙江沿海潮位站风暴潮超警戒等级与风暴增水等级

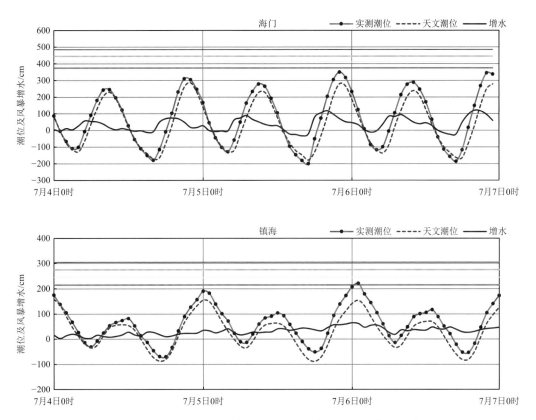

图3.147　7408号台风期间浙江沿海代表潮位站实测潮位、天文潮位和风暴增水随时间变化

13）7504号台风风暴潮灾害（蓝色）

7504号台风（Ora）于1975年8月12日（农历七月初六）15时在浙江省温岭县沿海登陆，登陆时台风近中心最大风力12级（35 m/s），中心气压970 hPa，强度为台风。登陆后向偏西方向移动，经过台州、金华、衢州地区，于13日09时左右移出浙江省进入江西省并减弱为低气压。

受其影响，浙江省沿海有5个站的最大增水超过1.0 m，温州站增水最大，为3.26 m；有2个站的最高潮位超过当地蓝色警戒潮位，海门站的最高潮位超过当地蓝色警戒潮位0.34 m（图3.148和图3.149）。

浙江省因灾死亡（含失踪）179人，直接经济损失4.07亿元。台州、温州、丽水、金华、衢州等地区遭受不同程度灾害损失，301人受伤；农田淹没$1.38 \times 10^5$ hm$^2$，其中$6.67 \times 10^4$ hm$^2$农田严重受损；2.46万间房屋倒塌；江堤、海塘多处被冲毁，长176 km；451艘渔船毁坏；损失张网毛竹8.98万只。

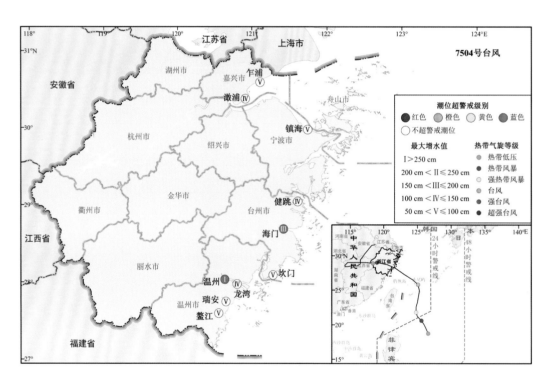

图3.148　7504号台风期间浙江沿海潮位站风暴潮超警戒等级与风暴增水等级

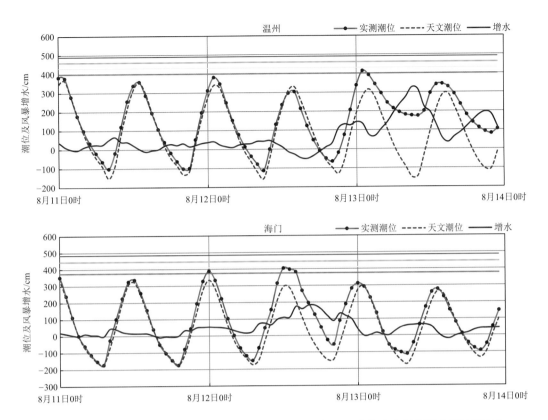

图3.149  7504号台风期间浙江沿海代表潮位站实测潮位、天文潮位和风暴增水随时间变化

14) 7617号台风风暴潮灾害（蓝色）

7617号台风（Fran）于1976年9月8日至12日沿海北上，8日08时近中心最大风力17级以上（65 m/s），中心气压912 hPa，强度为超强台风。

受其影响，浙江省沿海有2个站的最大增水超过1.0 m，海门站增水最大，为1.18 m；海门站的最高潮位超过当地蓝色警戒潮位0.11 m（图3.150和图3.151）。

未收集到浙江省沿海地区灾情资料。

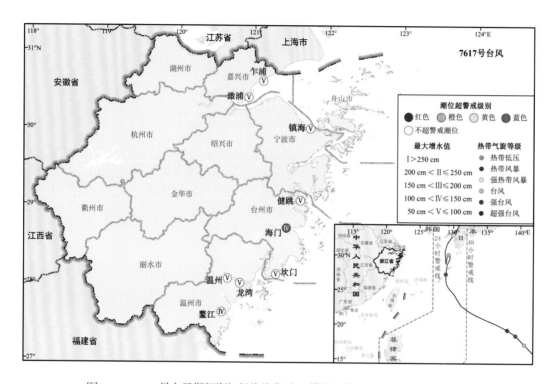

图3.150　7617号台风期间浙江沿海潮位站风暴潮超警戒等级与风暴增水等级

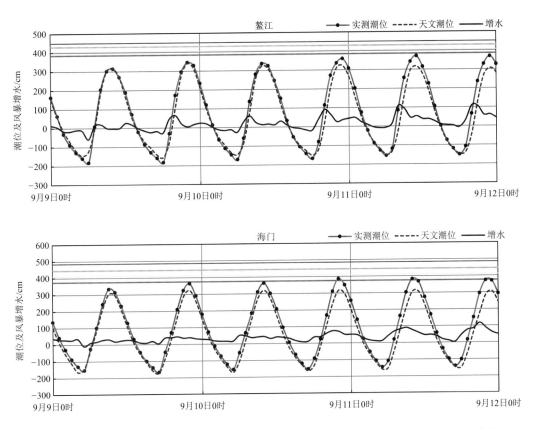

图3.151　7617号台风期间浙江沿海代表潮位站实测潮位、天文潮位和风暴增水随时间变化

15) 7705号台风风暴潮灾害（蓝色）

7705号台风（Vera）于1977年7月31日（农历六月十六）17—18时在台湾省基隆市沿海登陆，登陆时台风近中心最大风力14级（45 m/s），中心气压935 hPa，强度为强台风。后于8月1日10—11时在福建省惠安县沿海登陆，登陆时台风近中心最大风力11级（32 m/s），中心气压973 hPa，强度为强热带风暴，登陆后西行。

受其影响，浙江省鳌江站最大增水超过1.0 m，为1.33 m；沿海有3个站的最高潮位超过当地蓝色警戒潮位，龙湾站的最高潮位超过当地蓝色警戒潮位0.15 m（图3.152和图3.153）。

未收集到浙江省沿海地区灾情资料。

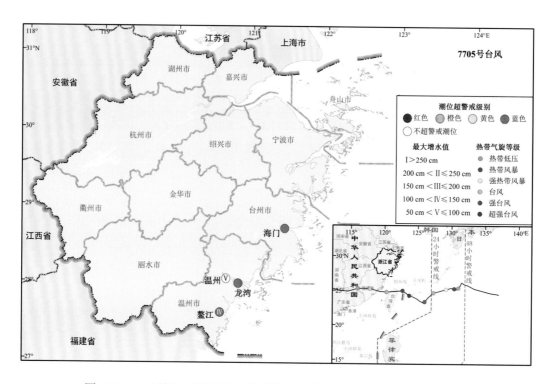

图3.152　7705号台风期间浙江沿海潮位站风暴潮超警戒等级与风暴增水等级

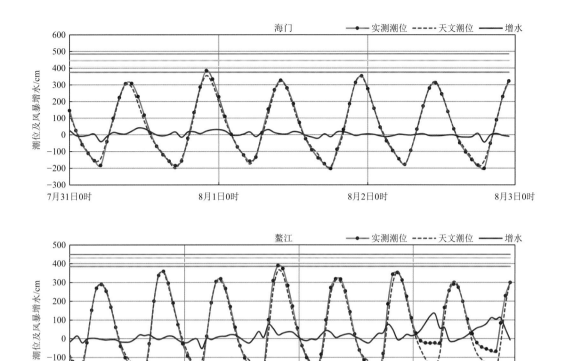

图3.153　7705号台风期间浙江沿海代表潮位站实测潮位、天文潮位和风暴增水随时间变化

16）7803号台风风暴潮灾害（蓝色）

7803号台风（Rose）于1978年6月24日（农历五月十九）21时在台湾省新港乡沿海登陆，登陆时台风近中心最大风力5级（10 m/s），中心气压1 000 hPa。

台风影响期间，浙江省沿海各站的最大增水均未超过1.0 m；温州站的最高潮位超过当地蓝色警戒潮位0.11 m（图3.154和图3.155）。

未收集到浙江省沿海地区灾情资料。

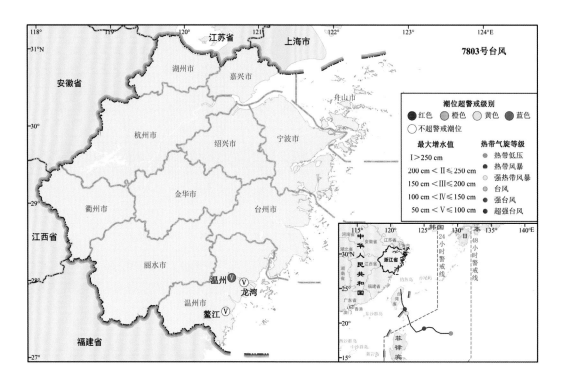

图3.154　7803号台风期间浙江沿海潮位站风暴潮超警戒等级与风暴增水等级

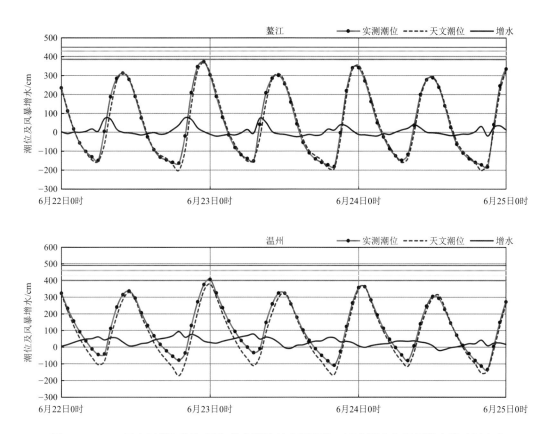

图3.155 7803号台风期间浙江沿海代表潮位站实测潮位、天文潮位和风暴增水随时间变化

17）7805号台风风暴潮灾害（蓝色）

7805号台风（Trix）于1978年7月23日（农历六月十九）08—09时在浙江省宁海县至三门县沿海登陆，登陆时台风近中心最大风力12级（35 m/s），中心气压992 hPa，强度为台风。登陆后向西北偏西方向移动，经过宁波、绍兴、杭州地区，并迅速减弱为低气压。

台风影响期间，浙江省沿海各站的最大增水均未超过1.0 m；龙湾站的最高潮位超过当地蓝色警戒潮位0.01 m（图3.156和图3.157）。

未收集到浙江省沿海地区灾情资料。

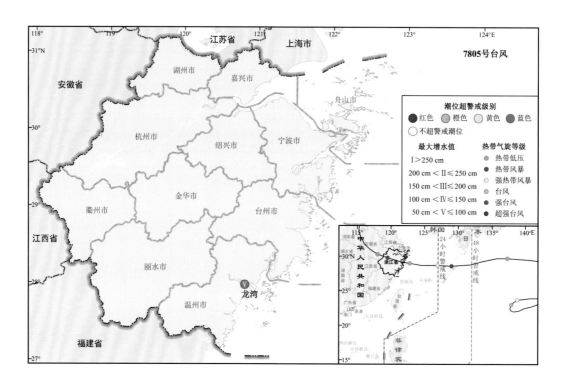

图3.156　7805号台风期间浙江沿海潮位站风暴潮超警戒等级与风暴增水等级

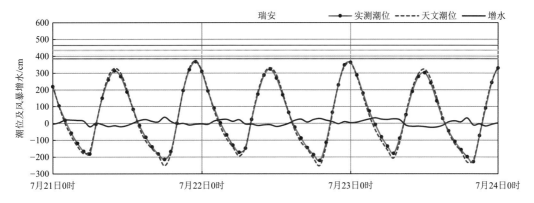

图3.157　7805号台风期间浙江沿海代表潮位站实测潮位、天文潮位和风暴增水随时间变化

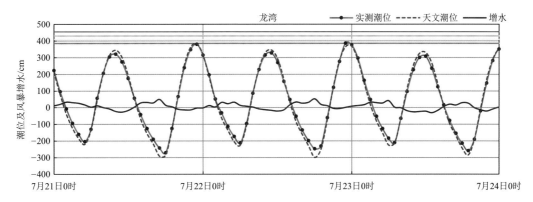

图3.157　7805号台风期间浙江沿海代表潮位站实测潮位、天文潮位和风暴增水随时间变化（续）

18）8107号台风风暴潮灾害（蓝色）

8107号台风（Maury）于1981年7月20日（农历六月十九）08时在福建省长乐县沿海登陆，登陆时台风近中心最大风力11级（30 m/s），中心气压987 hpa，强度为强热带风暴；23日15时在广西壮族自治区北海市沿海再次登陆，登陆时台风近中心最大风力6级（12 m/s），中心气压994 hPa，强度为热带低压。

受其影响，浙江省沿海的鳌江站最大增水超过1.0 m，为1.68 m；鳌江站的最高潮位超过当地蓝色警戒潮位0.02 m（图3.158和图3.159）。

未收集到浙江省沿海地区灾情资料。

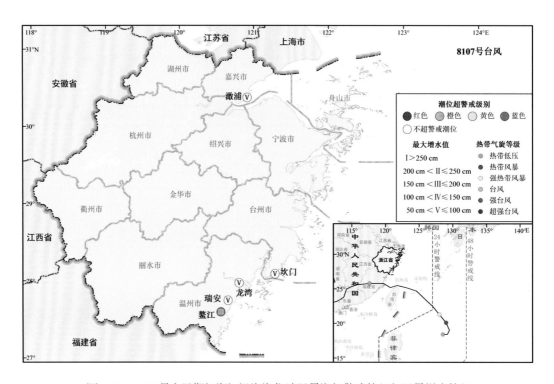

图3.158　8107号台风期间浙江沿海潮位站风暴潮超警戒等级与风暴增水等级

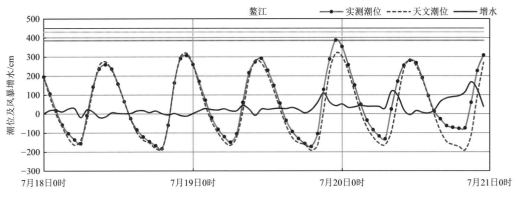

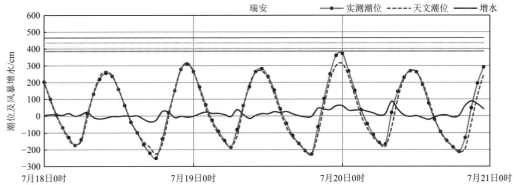

图3.159  8107号台风期间浙江沿海代表潮位站实测潮位、天文潮位和风暴增水随时间变化

19）8506号台风风暴潮灾害（蓝色）

8506号台风（Jeff）于1985年7月30日（农历六月十三）23时在浙江省玉环县坎门沿海登陆，登陆时台风近中心最大风力13级（40 m/s），中心气压965 hPa，强度为台风。登陆后向西北偏北方向移动，经过台州、绍兴、杭州、嘉兴地区，于31日22时移出浙江省进入江苏省。

受其影响，浙江省沿海有2个站的最大增水超过1.0 m，坎门站增水最大，达1.13 m；有2个站的最高潮位超过当地警戒潮位，海门站的最高潮位超过当地蓝色警戒潮位0.07 m（图3.160和图3.161）。

浙江省因灾死亡（含失踪）213人，1 524人受伤，直接经济损失3.14亿元。$1.85 \times 10^4$ hm²农田受淹；2.36万间房屋倒塌；1 518艘船只沉没；江堤、海塘被冲毁2 690处，长272.5 km。玉环县$6.0 \times 10^3$ hm²农田受灾，低洼地区积水深达5 m。洞头黄岙、北岙围塘多处决口，风暴潮裹挟着巨浪冲毁民房、厂房、仓库等309间，损毁船只401艘，损失的各类渔具和网具价值50多万元，全县直接经济损失822.5万元。永嘉县12人死亡，直接经济损失0.27亿元；$8.9 \times 10^3$ hm²农田被淹没，损失粮食$1.54 \times 10^5$ t，111间房屋倒塌，145处堤坝被冲毁，长703 km。

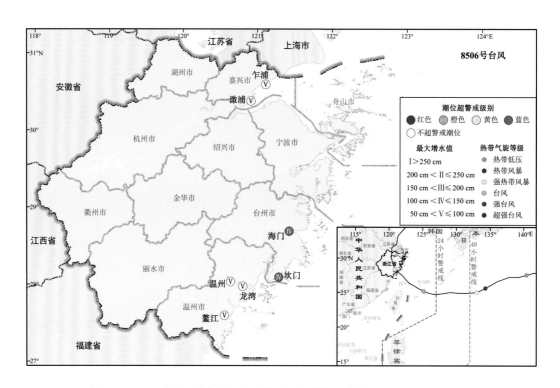

图3.160　8506号台风期间浙江沿海潮位站风暴潮超警戒等级与风暴增水等级

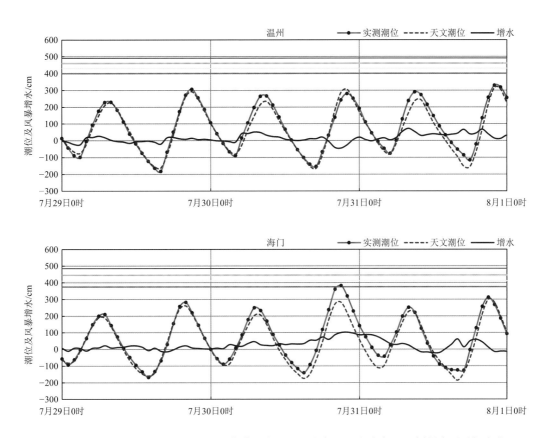

图3.161　8506号台风期间浙江沿海代表潮位站实测潮位、天文潮位和风暴增水随时间变化

20）8509号台风风暴潮灾害（蓝色）

8509号台风（Mamie）于1985年8月18日（农历七月初三）12时在江苏省启东县沿海登陆，登陆时台风近中心最大风力11级（30 m/s），中心气压980 hPa，强度为强热带风暴；登陆后沿江苏海岸北上，19日09时在山东省青岛市二次登陆，登陆时台风近中心最大风力11级（30 m/s），中心最低气压983 hPa，强度为强热带风暴；后经山东半岛穿过渤海海峡，于8月19日19—20时在辽宁省大连市沿海第三次登陆，登陆时台风近中心最大风力11级（30 m/s），中心最低气压981 hPa，强度为强热带风暴。

受其影响，浙江省沿海的澉浦站最大增水超过1.0 m，为1.18 m；有2个站的最高潮位超过当地警戒潮位，镇海站的最高潮位超过当地蓝色警戒潮位0.08 m（图3.162和图3.163）。

未收集到浙江省沿海地区灾情资料。

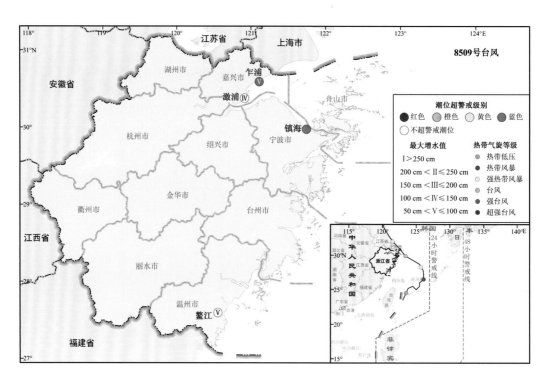

图3.162　8509号台风期间浙江沿海潮位站风暴潮超警戒等级与风暴增水等级

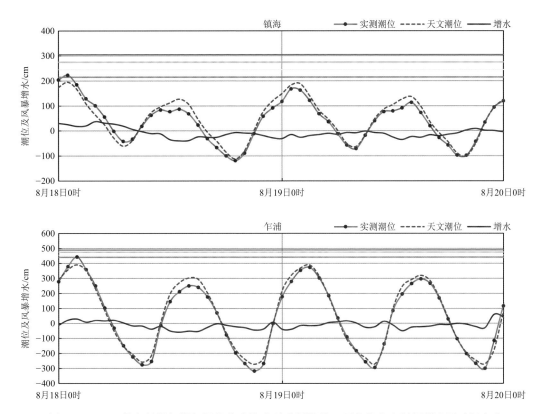

图3.163　8509号台风期间浙江沿海代表潮位站实测潮位、天文潮位和风暴增水随时间变化

21）8615号台风风暴潮灾害（蓝色）

8615号台风（Vera）于1986年8月13日（农历七月初八）在太平洋洋面上生成后回旋向西转向，8月26日开始影响浙江省，28日紧擦浙江省北部沿海北上。过程最强台风近中心最大风力17级（60 m/s），中心气压923 hPa，强度为超强台风。

受其影响，浙江省沿海有8个站的最大增水超过1.0 m，澉浦站增水最大，达1.77 m；镇海站的最高潮位超过当地蓝色警戒潮位0.04 m（图3.164和图3.165）。

浙江省因灾死亡（含失踪）16人，受伤283人，直接经济损失近亿元。棉花、果园、水稻等受灾面积9.19×10⁴ hm²；倒塌房屋4 531间，损坏房屋35 728间；沉没船只177只，损坏船只393只；损坏堤防174处共63.2 km，损坏塘坝6座、闸坝57座，损坏渠道156处共640 m；冲坏渔网2 434张，对虾塘0.75 hm²，鱼损5 100 t。

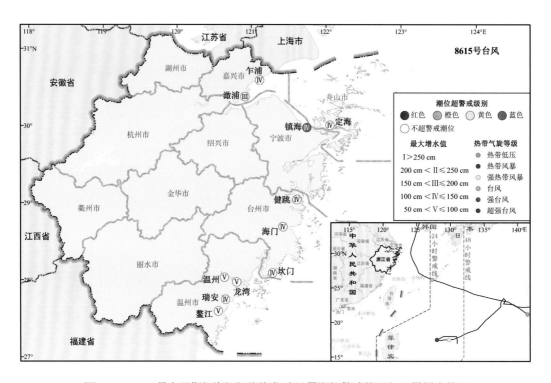

图3.164　8615号台风期间浙江沿海潮位站风暴潮超警戒等级与风暴增水等级

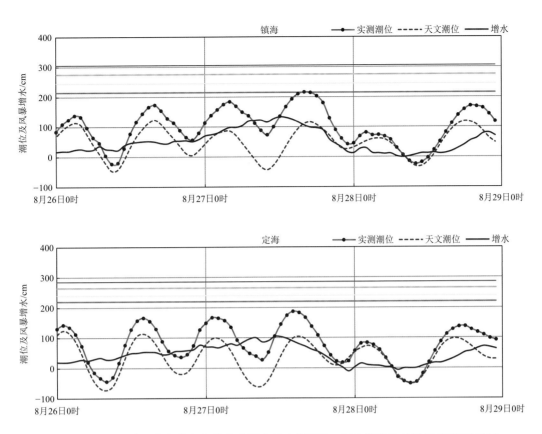

图3.165　8615号台风期间浙江沿海代表潮位站实测潮位、天文潮位和风暴增水随时间变化

22）8617号台风风暴潮灾害（蓝色）

8617号台风（Abby）于1986年9月19日（农历八月十六）11时在台湾省花莲县沿海登陆，登陆时台风近中心最大风力14级（45 m/s），中心气压946 hPa，强度为强台风，穿过台湾岛后转向东北向行。

受其影响，浙江省沿海的澉浦站最大增水超过1.0 m，达1.11 m；沿海有6个站的最高潮位超过当地警戒潮位，瑞安站的最高潮位超过当地蓝色警戒潮位0.15 m（图3.166和图3.167）。

浙江省因灾死亡（含失踪）3人。$2.3 \times 10^3$ hm²农田受灾；133处堤防、海塘毁坏，长58.6 km；26座水闸损坏；429.5 hm²对虾塘被冲坏；1 082间房屋损坏；39艘船只损毁，739张渔网被冲走。

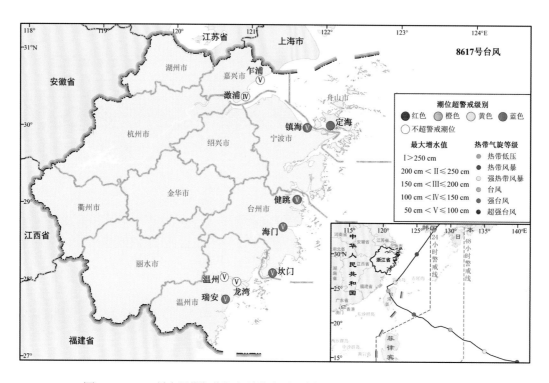

图3.166　8617号台风期间浙江沿海潮位站风暴潮超警戒等级与风暴增水等级

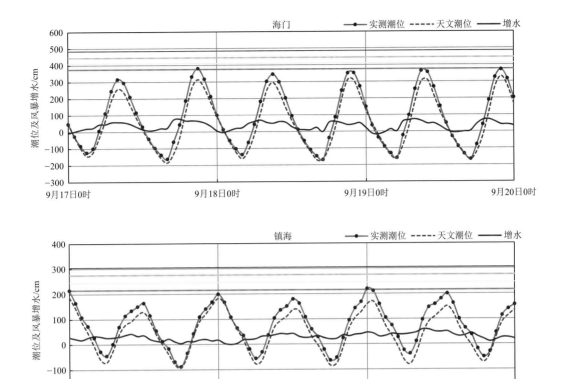

图3.167　8617号台风期间浙江沿海代表潮位站实测潮位、天文潮位和风暴增水随时间变化

23）8818号台风风暴潮灾害（蓝色）

8818号台风（Lee）于1988年9月24—25日沿东海北上，9月23日（农历八月十三）08时台风近中心最大风力11级（30 m/s），中心气压980 hPa，强度为强热带风暴。

受其影响，浙江省鳌江站最大增水超过1.0 m，为1.49 m；沿海有2个站出现超过当地蓝色警戒潮位的高潮位，鳌江站的最高潮位超过当地蓝色警戒潮位0.17 m（图3.168）。

未收集到浙江省沿海地区灾情资料。

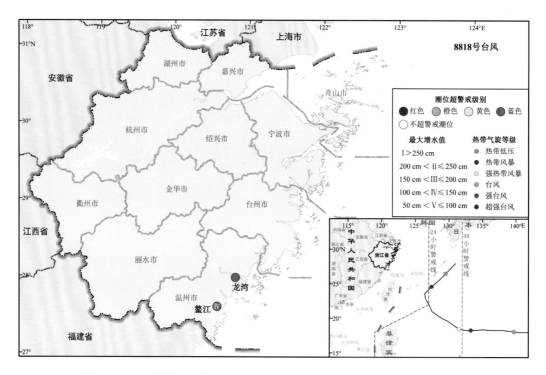

图3.168　8818号台风期间浙江沿海潮位站风暴潮超警戒等级与风暴增水等级

24）8909号台风风暴潮灾害（蓝色）

8909号台风（Hope）于1989年7月21日（农历六月十九）02时在浙江省象山县南田岛登陆，登陆时台风近中心最大风力13级（40 m/s），中心气压975 hPa，强度为台风，也是其发展过程中的最高强度。登陆后，在三门湾回旋3个多小时，21日下午在宁海县停止编号。

受其影响，浙江省沿海有4个站的最大增水超过1.0 m，温州站增水最大，为1.84 m；有2个站出现超过当地蓝色警戒潮位的高潮位，定海站的最高潮位超过当地蓝色警戒潮位0.16 m（图3.169和图3.170）。

浙江省因灾死亡（含失踪）132人，直接经济损失12.8亿元。受灾农田面积$1.84 \times 10^5$ $hm^2$；倒房5.38万间；冲坏江堤、海塘634 km。

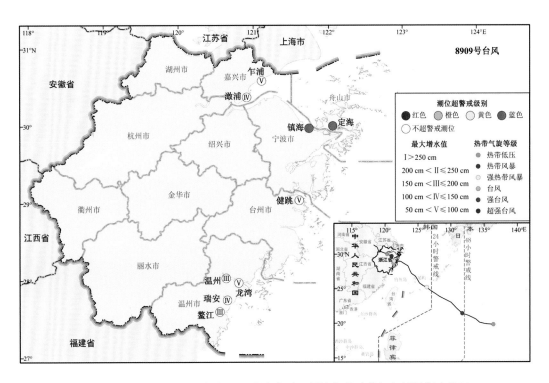

图3.169　8909号台风期间浙江沿海潮位站风暴潮超警戒等级与风暴增水等级

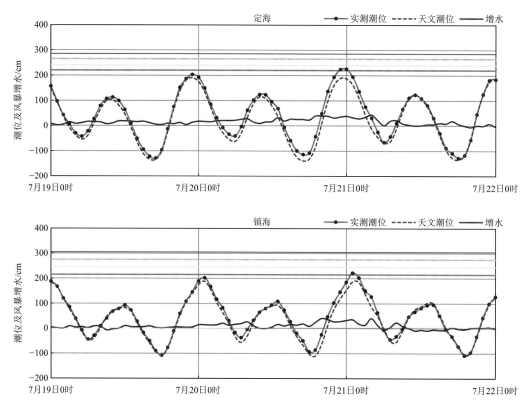

图3.170 8909号台风期间浙江沿海代表潮位站实测潮位、天文潮位和风暴增水随时间变化

25）8921号台风风暴潮灾害（蓝色）

8921号台风（Sarah）于1989年9月11日（农历八月十二）23时在台湾省新港乡—花莲县登陆，登陆时台风近中心最大风力16级（51 m/s），中心气压945 hPa，强度为超强台风。12日07时在台湾省新港乡—花莲县再次登陆，登陆时台风近中心最大风力12级（35 m/s），中心气压970 hPa，强度为台风。13日15—16时在福建省霞浦县第三次登陆，登陆时台风近中心最大风力11级（30 m/s），中心气压980 hPa，强度为强热带风暴。

台风影响期间，浙江省沿海各站的最大增水均未超过1.0 m；有2个站的最高潮位超过当地蓝色警戒潮位，镇海站的最高潮位超过当地蓝色警戒潮位0.26 m（图3.171）。

未收集到浙江省沿海地区灾情资料。

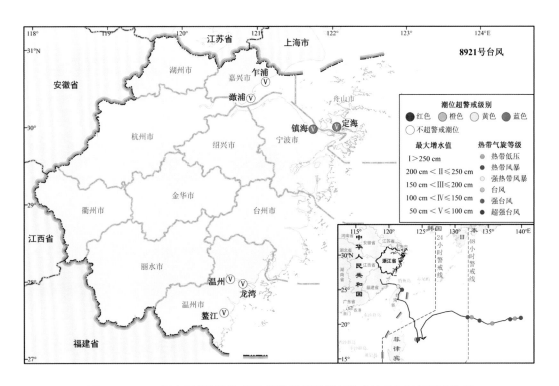

图3.171　8921号台风期间浙江沿海潮位站风暴潮超警戒等级与风暴增水等级

26）9123号台风风暴潮灾害（蓝色）

9123号台风（Ruth）生成后西行，穿过菲律宾北部后于1991年10月29日（农历九月廿二）在巴士海峡东转后东北向行，24日20时台风近中心最大风力为17级（60 m/s），中心气压910 hPa，强度为超强台风，为台风发展过程最高强度。

受其影响，浙江省沿海有2个站的最大增水超过1.0 m，鳌江站增水最大，为1.37 m；鳌江站的最高潮位超过当地蓝色警戒潮位0.12 m（图3.172）。

未收集到浙江省沿海地区灾情资料。

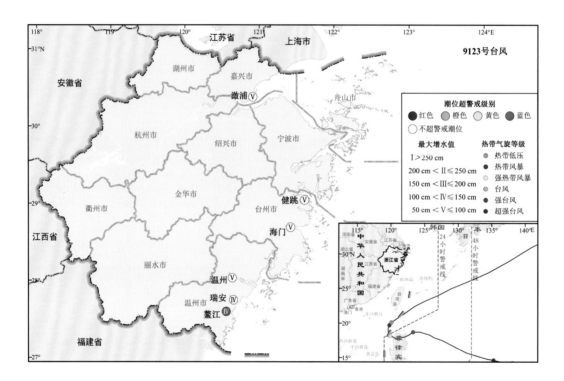

图3.172　9123号台风期间浙江沿海潮位站风暴潮超警戒等级与风暴增水等级

### 27）9414号台风风暴潮灾害（蓝色）

9414号台风（Doug）于1994年8月8日（农历七月初二）03—04时在台湾省基隆市沿海登陆，登陆时台风近中心最大风力12级（50 m/s），中心气压945 hPa，强度为台风。13日（农历七月初七）00时登陆江苏省如东县沿海，登陆时台风近中心最大风力7级（15 m/s），中心气压1 000 hPa，强度为热带低压。

受其影响，浙江省沿海有2个站的最大增水超过1.0 m，鳌江站增水最大，为1.65 m；有2个站出现超过当地蓝色警戒潮位的高潮位，鳌江站的最高潮位超过当地蓝色警戒潮位0.09 m（图3.173和图3.174）。

未收集到浙江省沿海地区灾情资料。

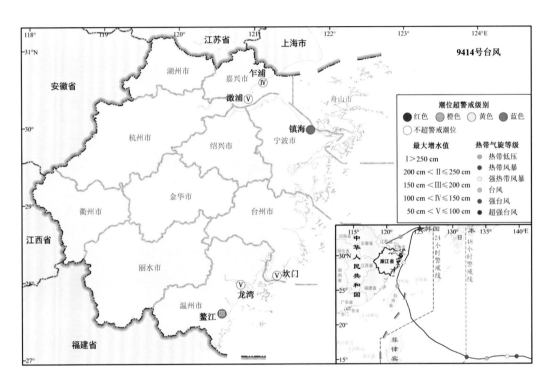

图3.173　9414号台风期间浙江沿海潮位站风暴潮超警戒等级与风暴增水等级

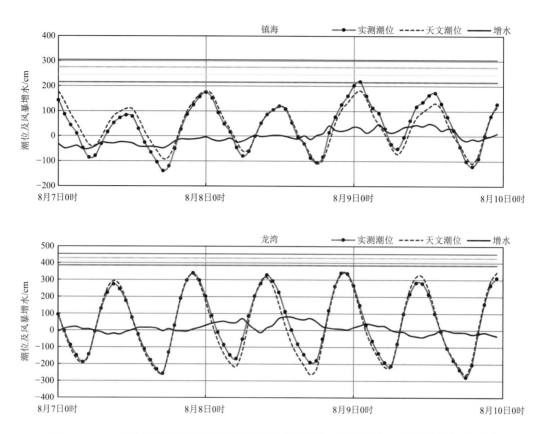

图3.174　9414号台风期间浙江沿海代表潮位站实测潮位、天文潮位和风暴增水随时间变化

**28）9806号台风风暴潮灾害（蓝色）**

9806号台风（Todd）于1998年9月19日（农历七月廿九）22—23时在舟山市普陀区登陆，登陆时近中心最大风力10级（25 m/s），中心气压985 hPa，强度为强热带风暴。

台风影响期间，浙江省沿海各站的最大增水均未超过1.0 m；有2个站出现超过当地蓝色警戒潮位的高潮位，定海站的最高潮位超过当地蓝色警戒潮位0.16 m（图3.175和图3.176）。

浙江省因灾死亡（含失踪）1人，直接经济损失7.80亿元。舟山、宁波和绍兴3个市20个县183个乡镇2 978个村118万人受灾，1人死亡，125人受伤。舟山市86条海塘被冲毁，长约121 km；28条海塘决口，长10.5 km。岱山县东沙镇新道头等数条海塘被冲垮；普陀区、岱山县城进水，倒塌房屋7 165间，受灾农田9.93×10⁴ hm²，成灾5.36×10⁴ hm²；637个工矿企业停产半停产；供电中断100条次144小时；损坏水库15座、水闸56座、渠道29.3 km；158 km江堤、海塘受损，堤塘决口149处，长11.4 km。

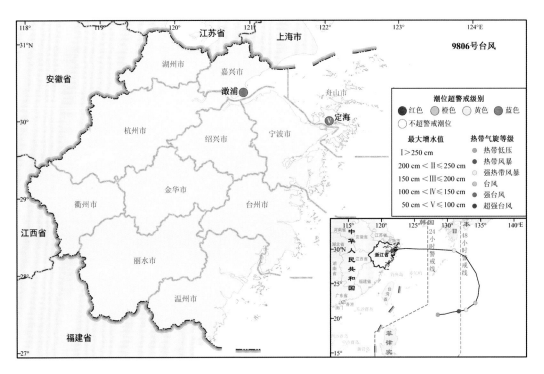

图3.175 9806号台风期间浙江沿海潮位站风暴潮超警戒等级与风暴增水等级

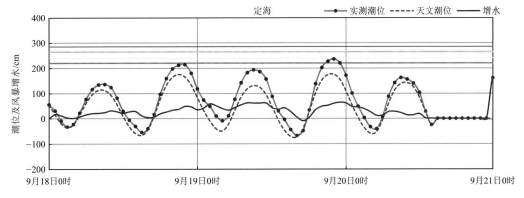

图3.176 9806号台风期间浙江沿海代表潮位站实测潮位、天文潮位和风暴增水随时间变化

29）0205号台风风暴潮灾害（蓝色）

0205号台风"威玛逊"（Rammasun）于2002年7月4—5日沿东海北上，4日（农历五月廿四）14时台风近中心最大风力14级(45 m/s)，中心气压950 hPa，强度为强台风。

受其影响，浙江省有8个站的最大增水超过1.0 m，镇海站增水最大，为1.68 m；镇海站的最高潮位超过当地蓝色警戒潮位0.11 m（图3.177和图3.178）。

浙江省因灾直接经济损失12.75亿元。6个县（市、区）160个乡镇160.05万人受灾（舟山市、宁波市、台州市为主要受灾区域）。农作物受灾$9.27 \times 10^3$ $hm^2$，成灾$4.59 \times 10^3$ $hm^2$；倒塌房屋7 500间；460家企业停产；毁坏公路路基56.7 km；损坏输电线路533.3 km；损坏通信线路139 km；损坏各类堤防36 km，决口4处，长0.3 km，其中舟山老海塘受损109条，长12.3 km，2条决口，挡浪墙被冲垮，宁波非标准海塘和江堤受损23.7 km，堤防决口2处，长0.1 km；损坏水闸133座，冲毁塘坝22座。

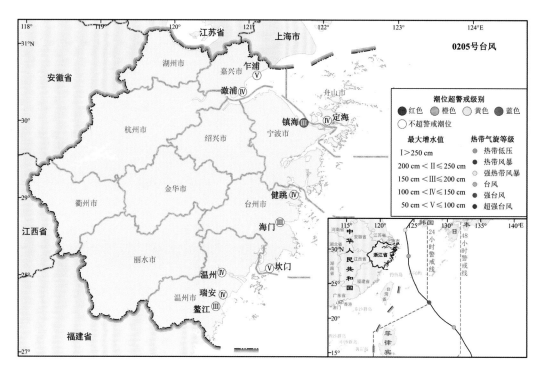

图3.177　0205号台风期间浙江沿海潮位站风暴潮超警戒等级与风暴增水等级

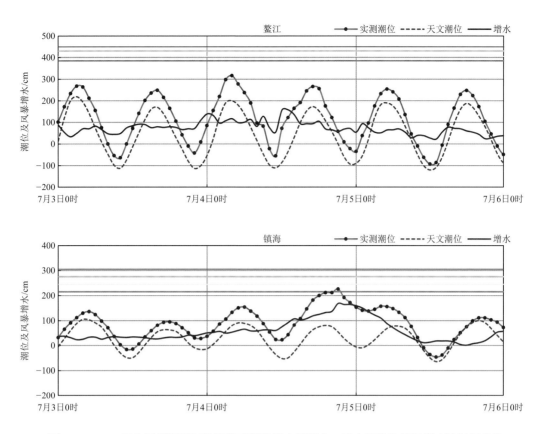

图3.178 0205号台风期间浙江沿海代表潮位站实测潮位、天文潮位和风暴增水随时间变化

30）0603号台风风暴潮灾害（蓝色）

0603号台风"艾云尼"（Ewiniar）起初为2006年 6 月 29日（农历六月初四）下午在西北太平洋上的雅蒲岛之东南偏南约 400 km 处的洋面上发展形成的一个热带低压。台风向西北方向移动，在7月5日凌晨达到了极值，过程最强台风近中心最大风力16级（55 m/s），中心气压930 hPa，强度为超强台风。8日台风横过琉球群岛，并转向北移动，越过东海。

受其影响，浙江省沿海的瑞安站最大增水超过1.0 m，为1.19 m；镇海站的最高潮位达到当地蓝色警戒潮位（图3.179和图3.180）。

未收集到浙江省沿海地区灾情资料。

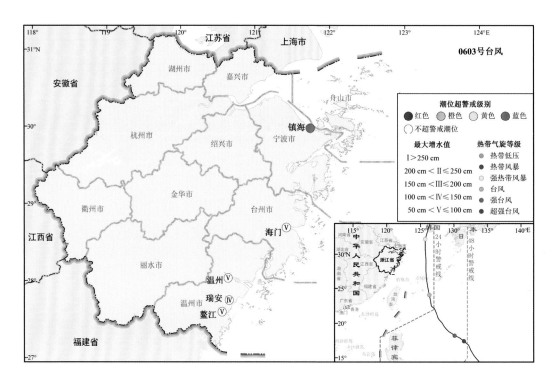

图3.179　0603号台风期间浙江沿海潮位站风暴潮超警戒等级与风暴增水等级

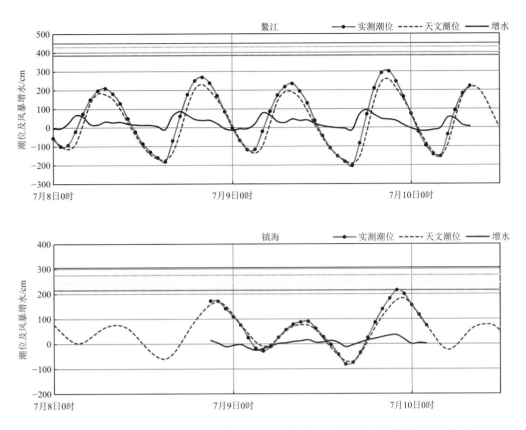

图3.180　0603号台风期间浙江沿海代表潮位站实测潮位、天文潮位和风暴增水随时间变化（续）

31）0815号台风风暴潮灾害（蓝色）

0815号台风"薔薇"（Jangmi）于2008年9月28日（农历八月廿九）15时40分在台湾省宜兰县沿海登陆，登陆时台风近中心最大风力16级（51 m/s），中心气压935 hPa，强度为超强台风。29日20时起转向东北向行。

台风影响期间，浙江省沿海各站的最大增水均未超过1.0 m；有3个站的最高潮位超过当地蓝色警戒潮位，鳌江站的最高潮位超过当地蓝色警戒潮位0.08 m（图3.181和图3.182）。

浙江省直接经济损失0.3亿元。全省海水产品养殖损失300 t，2.34 km渔港防波堤损毁，230 m渔港护岸、25座码头受损，92艘渔船损毁。

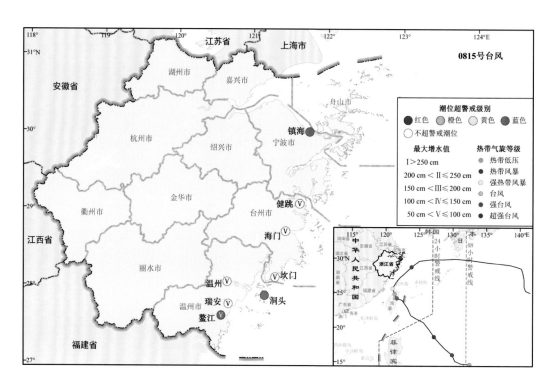

图3.181　0815号台风期间浙江沿海潮位站风暴潮超警戒等级与风暴增水等级

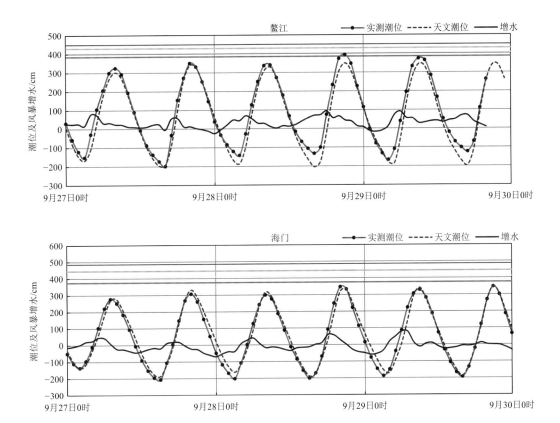

图3.182　0815号台风期间浙江沿海代表潮位站实测潮位、天文潮位和风暴增水随时间变化

### 32）1004号台风风暴潮灾害（蓝色）

1004号台风"电母"（Dianmu）于2010年8月8日至10日沿海北上，10日02时近中心最大风力11级（30 m/s），中心气压980 hPa，强度为强热带风暴。

台风影响期间，浙江省沿海各站的最大增水均未超过1.0 m；有2个站的最高潮位超过当地蓝色警戒潮位，镇海站的最高潮位超过当地蓝色警戒潮位0.25 m（图3.183和图3.184）。

未收集到浙江省沿海地区灾情资料。

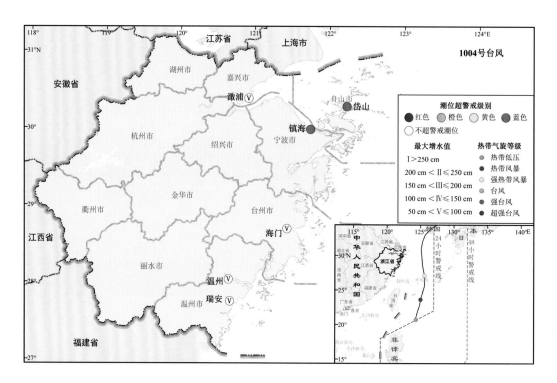

图3.183　1004号台风期间浙江沿海潮位站风暴潮超警戒等级与风暴增水等级

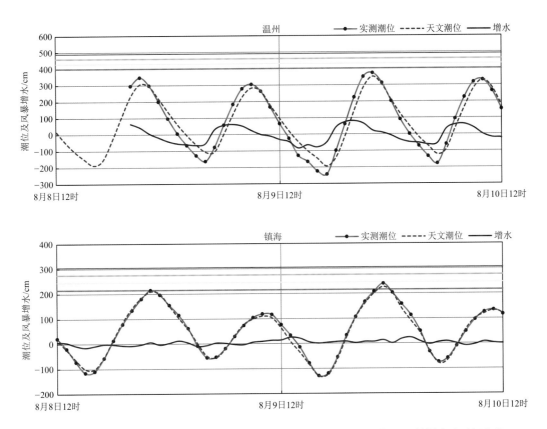

图3.184　1004号台风期间浙江沿海代表潮位站实测潮位、天文潮位和风暴增水随时间变化

33）1010号台风风暴潮灾害（蓝色）

1010号台风"莫兰蒂"（Meranti）于2010年9月10日（农历八月初三）03时30分在福建省石狮市沿海登陆，登陆时台风近中心最大风力12级（35 m/s），中心气压970 hPa，强度为台风。登陆后台风继续向北移动，08时减弱为强热带风暴。14时减弱为热带风暴，夜间移出福建省进入浙江省境内，强度减弱为热带低压，向东偏北方向移动，11日凌晨转向东北，后穿过上海市后进入东海并继续向东北移动。

此次台风影响期间，浙江省沿海各站的最大增水均未超过1.0 m；洞头站的最高潮位超过当地蓝色警戒潮位0.07 m（图3.185）。

未收集到浙江省沿海地区灾情资料。

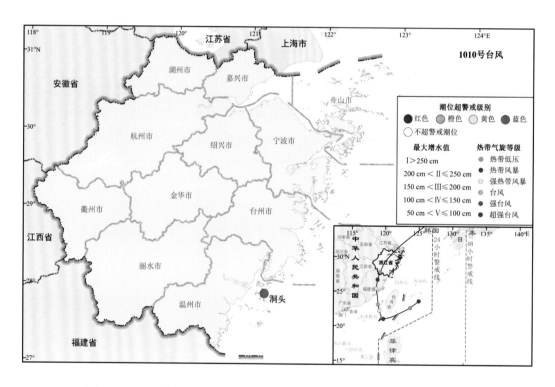

图3.185　1010号台风期间浙江沿海潮位站风暴潮超警戒等级与风暴增水等级

### 34）1617号台风风暴潮灾害（蓝色）

1617号台风"鲇鱼"（Megi）于2016年9月27日（农历八月廿七）14时10分在台湾省花莲县沿海登陆，登陆时台风近中心最大风力14级（45 m/s），中心气压950 hPa，强度为强台风；9月28日05时5分在福建省泉州市沿海再次登陆，登陆时台风近中心最大风力12级（33 m/s），中心气压975 hPa，强度为台风。

受其影响，浙江省沿海有6个站的最大增水超过1.0 m，鳌江站增水最大，为2.48 m；有6个站出现超过当地蓝色警戒潮位的高潮位，温州站的最高潮位超过当地蓝色警戒潮位0.27 m（图3.186和图3.187）。

浙江省直接经济损失0.83亿元，未造成人员伤亡。其中，水产养殖受灾面积$2.01 \times 10^3$ hm²，水产养殖损失产量275 t，养殖设施设备损失504个，直接经济损失0.59亿元；船只沉没6艘，损毁62艘，直接经济损失801万元；房屋损坏2间，直接经济损失13万元；码头损毁195 m，防波堤损毁1 380 m，海堤护岸损毁136 m，道路损毁2 600 m，直接经济损失1 235万元；其他经济损失310万元。

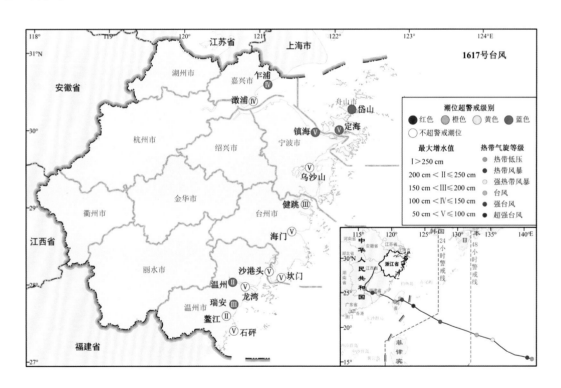

图3.186　1617号台风期间浙江沿海潮位站风暴潮超警戒等级与风暴增水等级

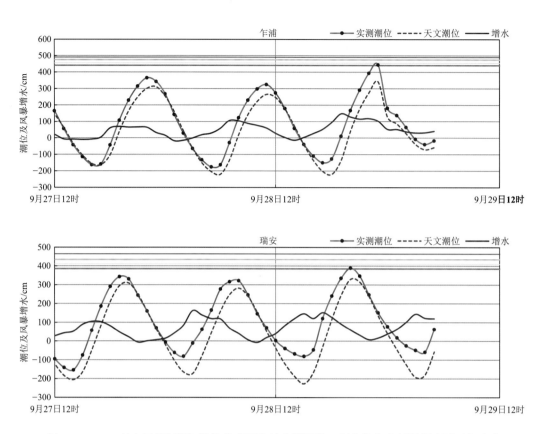

图3.187　1617号台风期间浙江沿海代表潮位站实测潮位、天文潮位和风暴增水随时间变化

35）1718号台风风暴潮灾害（蓝色）

1718号台风"泰利"（Talim）于2017年9月14—16日沿东海北上，14日（农历七月廿四）14时台风中心附近最大风力16级（52 m/s），中心最低气压为935 hPa，强度为超强台风。

受其影响，浙江省沿海有2个站的最大增水超过1.0 m，澉浦站增水最大，为1.57 m；有3个站出现超过当地蓝色警戒潮位的高潮位，其中镇海站的最高潮位超过当地蓝色警戒潮位0.28 m（图3.188和图3.189）。

浙江省直接经济损失6 758万元，未造成人员死亡（含失踪）。其中，水产养殖受灾面积458.97 hm²，水产养殖产量损失1.93×10⁴ t，养殖设施设备损失2个，直接经济损失5 888万元；船只沉没1艘，损毁20艘，直接经济损失272万元；码头损毁418 m，防波堤损毁250 m，直接经济损失560万元；其他经济损失38万元。

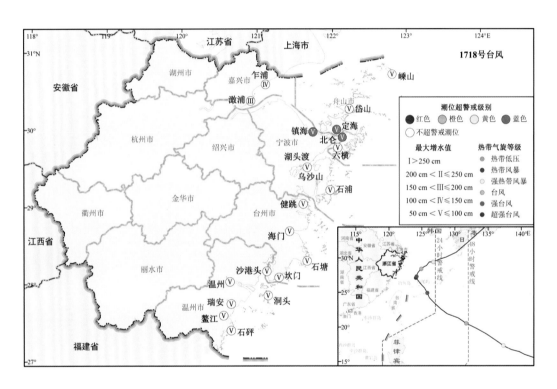

图3.188　1718号台风期间浙江沿海潮位站风暴潮超警戒等级与风暴增水等级

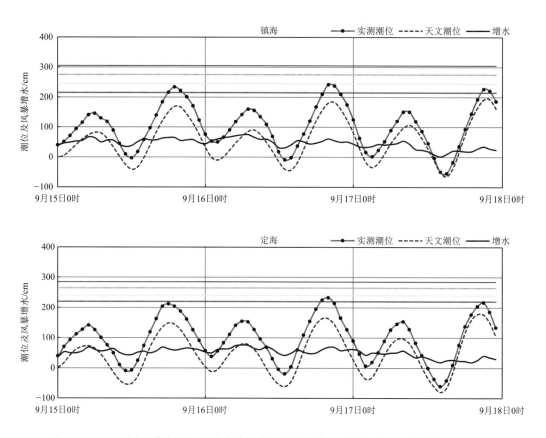

图3.189　1718号台风期间浙江沿海代表潮位站实测潮位、天文潮位和风暴增水随时间变化

36）2004号台风风暴潮灾害（蓝色）

2004号台风"黑格比"（Hagupit）于2020年8月4日（农历六月十五）03时30分在浙江省乐清市城南镇沿海登陆，登陆时台风近中心最大风力13级（38 m/s），中心气压970 hPa，强度为台风。

受其影响，浙江省沿海有5个站的最大增水超过1.0 m，西门岛站增水最大，为2.05 m；镇海站的最高潮位超过当地蓝色警戒潮位0.17 m（图3.190和图3.191）。

浙江省直接经济损失3.55亿元，未造成人员死亡（含失踪）。水产养殖受灾面积7 509.86 hm²，水产养殖损失产量1.51×10⁴t；渔船沉没7艘，损毁119艘；码头损毁18座，海堤、护岸损毁95 m。

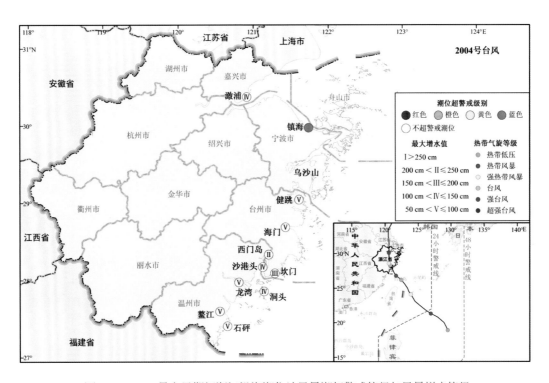

图3.190　2004号台风期间浙江沿海潮位站风暴潮超警戒等级与风暴增水等级

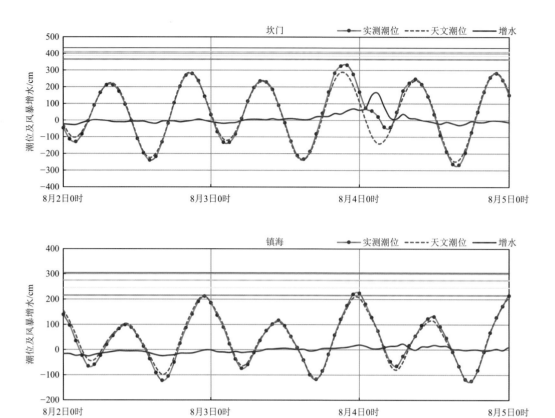

图3.191　2004号台风期间浙江沿海代表潮位站实测潮位、天文潮位和风暴增水随时间变化

## 3.5 未超警戒潮位（或未收集到潮位资料）台风风暴潮

　　1949—2020年共有44个未超警戒潮位的热带气旋影响浙江省海域，并引发台风风暴潮灾害，其中包含1次双台风过程（为1709号台风"纳沙"和1710号台风"海棠"）（表3.5）。其中，Ⅰ型路径台风0个；Ⅱ型路径台风1个，占比2%；Ⅲ型路径台风25个，占比57%；Ⅳ型路径台风18个，占比41%，登陆浙江省的台风有21个（图3.192）。未超警戒潮位的台风风暴潮灾害共造成浙江省2 135人死亡（含失踪），直接经济损失125.22亿元。其中，造成全省死亡（含失踪）人数最多的是5207号台风（Gilda），为457人；造成直接经济损失最多的是9219号台风（Ted），为37.14亿元。

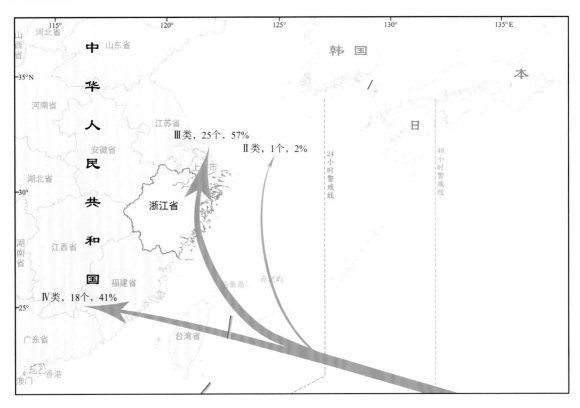

图3.192　未超警戒潮位典型台风路径

表3.5 未超警戒潮位（或未收集到潮位资料）台风统计情况

| 序号 | 中央气象台编号 | 中英文名称 | 影响时间 | 强度 | 中心气压极值/hPa | 最大风速极值/(m/s) | 台风类型 | 风暴潮警报级别 | 潮位站超警戒情况/个 | | | | | 直接经济损失/亿元 | 死亡（含失踪）人数 |
|---|---|---|---|---|---|---|---|---|---|---|---|---|---|---|---|
| | | | | | | | | | 超红色警戒潮位 | 超橙色警戒潮位 | 超黄色警戒潮位 | 超蓝色警戒潮位 | 增水超1 m | | |
| 1 | 4906 | Gloria | 7月23日至7月25日 | 强台风 | 960 | 50 | 登陆浙江舟山、上海金山—浙江平湖、山东乳山 | 无 | — | — | — | — | — | — | 170 |
| 2 | 5122 | Pat | 9月27日至9月29日 | 台风 | 980 | 35 | 登陆浙江玉环、上海金山—浙江平湖 | 无 | 0 | 0 | 0 | 0 | 0 | — | 0 |
| 3 | 5207 | Gilda | 7月18日至7月20日 | 强热带风暴 | 985 | 30 | 登陆浙江黄岩—温岭 | 无 | 0 | 0 | 0 | 0 | 2 | — | 457 |
| 4 | 5310 | Nina | 8月15日至8月17日 | 超强台风 | 893 | 90 | 登陆浙江乐清 | 无 | 0 | 0 | 0 | 0 | 3 | — | 126 |
| 5 | 5822 | Grace | 9月4日至9月5日 | 超强台风 | 900 | 100 | 登陆福建福鼎 | 无 | 0 | 0 | 0 | 0 | 3 | — | 105 |
| 6 | 5901 | Billie | 7月14日至7月18日 | 强台风 | 968 | 45 | 登陆浙江平阳—福建福鼎、上海奉贤 | 无 | 0 | 0 | 0 | 0 | 2 | — | 25 |
| 7 | 5904 | Joan | 8月29日至8月31日 | 超强台风 | 884 | 100 | 登陆台湾台东、福建惠安 | 无 | 0 | 0 | 0 | 0 | 1 | — | 24 |
| 8 | 6007 | Shirley | 7月30日至8月4日 | 超强台风 | 910 | 70 | 登陆台湾宜兰、福建连江、山东青岛 | 无 | 0 | 0 | 0 | 0 | 2 | 0.02 | 309 |
| 9 | 6104 | Betty | 5月26日至5月28日 | 强台风 | 947 | 50 | 台湾台东—花莲、浙江乐清 | 无 | 0 | 0 | 0 | 0 | 0 | — | 7 |
| 10 | 6205 | Kate | 7月22日至7月25日 | 台风 | 967 | 40 | 登陆台湾恒春、福建福鼎 | 无 | 0 | 0 | 0 | 0 | 1 | — | 8 |
| 11 | 6208 | Opal | 8月5日至8月8日 | 超强台风 | 900 | 75 | 登陆台湾花莲—宜兰、福建连江、山东文登 | 无 | 0 | 0 | 0 | 0 | 5 | — | 30 |

（续表）

| 序号 | 中央气象台编号 | 中英文名称 | 影响时间 | 强度 | 中心气压极值 /hPa | 最大风速极值 /(m/s) | 台风类型 | 风暴潮警报级别 | 潮位站超警戒情况 / 个 | | | | | 直接经济损失 /亿元 | 死亡（含失踪）人数 |
|---|---|---|---|---|---|---|---|---|---|---|---|---|---|---|---|
| | | | | | | | | | 超红色警戒潮位 | 超橙色警戒潮位 | 超黄色警戒潮位 | 超蓝色警戒潮位 | 增水超1 m | | |
| 12 | 6312 | Gloria | 9月11日至9月14日 | 超强台风 | 918 | 70 | 登陆福建连江 | 无 | 0 | 0 | 0 | 0 | 5 | — | 186 |
| 13 | 6513 | Mary | 8月18日至8月21日 | 超强台风 | 939 | 75 | 登陆台湾宜兰、福建福清 | 无 | 0 | 0 | 0 | 0 | 1 | — | 74 |
| 14 | 7207 | Winnie | 8月1日至8月2日 | 强热带风暴 | 988 | 30 | 登陆浙江平阳 | 无 | 0 | 0 | 0 | 0 | 3 | — | 75 |
| 15 | 7410 | Jean | 7月18日至7月20日 | 强热带风暴 | 991 | 30 | 登陆台湾宜兰、浙江温岭 | 无 | — | — | — | — | — | — | — |
| 16 | 7708 | Babe | 9月8日至9月11日 | 超强台风 | 906 | 70 | 登陆上海崇明 | 无 | 0 | 0 | 0 | 0 | 1 | 0.02 | 3 |
| 17 | 8108 | — | 7月21日至7月24日 | 强热带风暴 | 994 | 25 | 登陆浙江温州乐清 | 无 | 0 | 0 | 0 | 0 | 1 | — | 29 |
| 18 | 8209 | Andy | 7月28日至7月29日 | 超强台风 | 915 | 55 | 登陆台湾台东、福建莆田 | 无 | 0 | 0 | 0 | 0 | 2 | — | 41 |
| 19 | 8403 | Alex | 7月2日至7月4日 | 台风 | 962 | 35 | 登陆台湾新港、浙江玉环 | 无 | — | — | — | — | — | — | 24 |
| 20 | 8407 | Freda | 8月7日至8月9日 | 强热带风暴 | 985 | 30 | 登陆台湾宜兰、福建罗源 | 无 | 0 | 0 | 0 | 0 | 1 | — | 4 |
| 21 | 8510 | Nelson | 8月21日至8月24日 | 强台风 | 955 | 50 | 登陆福建长乐 | 无 | 0 | 0 | 0 | 0 | 5 | — | 18 |
| 22 | 8707 | Alex | 7月26日至7月28日 | 台风 | 970 | 35 | 登陆台湾宜兰—台北、浙江瓯海 | 无 | 0 | 0 | 0 | 0 | 3 | 5.6 | 116 |

（续表）

| 序号 | 中央气象台编号 | 中英文名称 | 影响时间 | 强度 | 中心气压极值/hPa | 最大风速极值/(m/s) | 台风类型 | 风暴潮警报级别 | 潮位站超警戒情况/个 | | | | | 直接经济损失/亿元 | 死亡（含失踪）人数 |
| --- | --- | --- | --- | --- | --- | --- | --- | --- | --- | --- | --- | --- | --- | --- | --- |
| | | | | | | | | | 超红色警戒潮位 | 超橙色警戒潮位 | 超黄色警戒潮位 | 超蓝色警戒潮位 | 增水超1 m | | |
| 23 | 8807 | Bill | 8月5日至8月7日 | 强台风 | 955 | 45 | 登陆浙江象山 | 无 | 0 | 0 | 0 | 0 | 2 | 11.3 | 162 |
| 24 | 9015 | Abe | 8月29日至9月1日 | 强台风 | 955 | 45 | 登陆浙江椒江 | 无 | 0 | 0 | 0 | 0 | 4 | 27.10 | 89 |
| 25 | 9219 | Ted | 9月20日至9月23日 | 台风 | 975 | 35 | 登陆台湾新港—花莲、浙江平阳 | 无 | 0 | 0 | 0 | 0 | 4 | 37.14 | 53 |
| 26 | 9507 | Janis | 8月23日至8月25日 | 强热带风暴 | 980 | 30 | 浙江温岭 | 无 | — | — | — | — | — | 台州0.98 | 0 |
| 27 | 0004 | 启德Kai-taK | 7月8日至7月9日 | 台风 | 965 | 35 | 登陆台湾新港、浙江玉环 | 无 | 0 | 0 | 0 | 0 | 0 | 6 | — |
| 28 | 0008 | 杰拉华Jelawat | 8月8日至8月10日 | 强台风 | 950 | 45 | 登陆浙江象山 | 无 | 0 | 0 | 0 | 0 | 0 | 5.63 | 0 |
| 29 | 0311 | 环高Vamco | 8月19日至8月20日 | 热带风暴 | 990 | 23 | 登陆浙江平阳 | 无 | — | — | — | — | — | 0.85 | 0 |
| 30 | 0418 | 艾利Aere | 8月24日 | 台风 | 960 | 40 | 登陆福建石狮 | 无 | 0 | 0 | 0 | 0 | 3 | 9.10 | 0 |
| 31 | 0421 | 海马Haima | 9月12日至9月13日 | 热带风暴 | 993 | 18 | 登陆浙江温州 | 无 | 0 | 0 | 0 | 0 | 0 | 0.53 | 0 |
| 32 | 0513 | 泰利Talim | 8月31日至9月2日 | 超强台风 | 935 | 55 | 登陆台湾花莲、福建莆田 | 无 | 0 | 0 | 0 | 0 | 3 | 0.36 | 0 |
| 33 | 0709 | 圣帕Sepat | 8月18日至8月19日 | 超强台风 | 910 | 65 | 登陆台湾花莲、福建惠安 | 无 | 0 | 0 | 0 | 0 | 1 | 0.69 | 0 |

（续表）

| 序号 | 中央气象台编号 | 中英文名称 | 影响时间 | 强度 | 中心气压极值/hPa | 最大风速极值/(m/s) | 台风类型 | 风暴潮警报级别 | 潮位站超警戒情况/个 | | | | | 直接经济损失/亿元 | 死亡（含失踪）人数 |
|---|---|---|---|---|---|---|---|---|---|---|---|---|---|---|---|
| | | | | | | | | | 超红色警戒潮位 | 超橙色警戒潮位 | 超黄色警戒潮位 | 超蓝色警戒潮位 | 增水超1m | | |
| 34 | 0713 | 韦帕Wipha | 9月17日至9月19日 | 超强台风 | 935 | 55 | 登陆浙江苍南 | 无 | 0 | 0 | 0 | 0 | 4 | 7.79 | 0 |
| 35 | 0716 | 罗莎Krosa | 10月6日至10月8日 | 超强台风 | 935 | 55 | 登陆台湾宜兰、浙江苍南和福建福鼎一带 | 无 | 0 | 0 | 0 | 0 | 6 | 7.12 | 0 |
| 36 | 0808 | 凤凰Fung-wong | 7月27日至7月29日 | 强台风 | 955 | 45 | 登陆台湾花莲、福建福清 | 无 | 0 | 0 | 0 | 0 | 3 | 0.64 | 0 |
| 37 | 1109 | 梅花Muifa | 8月5日至8月9日 | 超强台风 | 915 | 65 | 西转向 | 无 | 0 | 0 | 0 | 0 | 5 | 1.92 | 0 |
| 38 | 1307 | 苏力Soulik | 7月11日至7月14日 | 超强台风 | 935 | 55 | 登陆台湾新北一宜兰、福建连江 | 无 | 0 | 0 | 0 | 0 | 7 | 0.38 | 0 |
| 39 | 1513 | 苏迪罗Soudelor | 8月7日至8月8日 | 超强台风 | 905 | 68 | 登陆台湾花莲、福建莆田 | 无 | 0 | 0 | 0 | 0 | 4 | 0.79 | 0 |
| 40 | 1709 1710 | 纳沙Nesat 海棠Haitang | 7月28日至8月3日 | 台风 热带风暴 | 960 985 | 40 23 | 登陆台湾宜兰、福建福清/登陆台湾屏东、福建福清 | 无 | 0 | 0 | 0 | 0 | 1 | 温州0.07 | 0 |
| 41 | 1810 | 安比Ampil | 7月21日至7月22日 | 强热带风暴 | 980 | 28 | 登陆上海崇明 | 无 | 0 | 0 | 0 | 0 | 1 | 舟山0.89 | 0 |
| 42 | 1812 | 云雀Jongdari | 8月1日至8月3日 | 台风 | 960 | 40 | 登陆上海金山 | 无 | 0 | 0 | 0 | 0 | 1 | 嘉兴0.07 | 0 |
| 43 | 1818 | 温比亚Rumbia | 8月15日至8月17日 | 强热带风暴 | 982 | 25 | 登陆上海浦东新区 | 无 | 0 | 0 | 0 | 0 | 1 | 舟山0.23 | 0 |

"—"表示未收集到数据。

### 1）4906号台风风暴潮灾害

4906号台风（Gloria）于1949年7月24日（农历六月廿九）22时在浙江舟山普陀沿海登陆，登陆时台风近中心最大风力13级（40 m/s），中心气压968 hPa，强度为台风；25日04—05时在上海金山—浙江平湖一带再次登陆，登陆时台风近中心最大风力13级（40 m/s），中心气压968 hPa，强度为台风；25日夜间经江苏省中部出海后，于26日13—14时在山东省乳山县第三次登陆，登陆时台风近中心最大风力11级（30m/s），中心气压988 hPa，强度为强热带风暴，后经黄海北部移向朝鲜半岛北部。

未收集到潮位资料。

7月24—27日适逢天文大潮期，浙江省遭受了特大风暴潮灾害。全省死亡（含失踪）170人，东北部余姚、慈溪、舟山、嘉兴等11个县市受灾，$9.47 \times 10^4 \mathrm{hm}^2$农田受灾，2 111间房屋倒塌。

### （2）5122号台风风暴潮灾害

5122号台风（Pat）于1951年9月28日（农历八月廿八）08时在浙江省玉环县沿海登陆，登陆时台风近中心最大风力8级（20 m/s），中心气压1 000 hPa，强度为热带风暴；登陆后继续北上并穿过杭州湾，于21时在上海金山—浙江平湖一带再次登陆，登陆时台风近中心最大风力7级（15 m/s），中心气压1 005 hPa，强度为热带低压。

台风影响期间，浙江省沿海各站的最大增水均未超过1.0 m；沿海各站的最高潮位均未超过当地警戒潮位（图3.193）。

浙江省$2.07 \times 10^4 \mathrm{hm}^2$农田受灾。

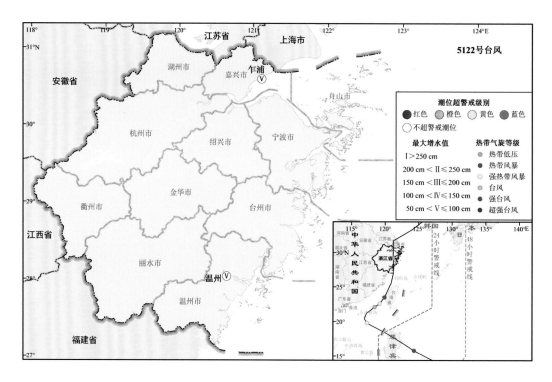

图3.193　5122号台风期间浙江沿海潮位站风暴潮超警戒等级与风暴增水等级

3）5207号台风风暴潮灾害

5207号台风（Gilda）于1952年7月19日（农历五月廿八）09时在浙江黄岩—温岭沿海登陆，登陆时台风近中心最大风力7级（15m/s），中心气压988 hPa，强度为热带低压；后穿过台州、金华、杭州等地区，于20日晚移出浙江省进入安徽省。

台风影响期间，浙江省沿海有2个站的最大增水超过1.0 m，温州站增水最大，达3.85 m；沿海各站的最高潮位均未超过当地警戒潮位（图3.194）。

浙江省死亡（含失踪）457人。全省受灾农田面积2.65×10$^5$hm$^2$，倒塌房屋2.29万间。

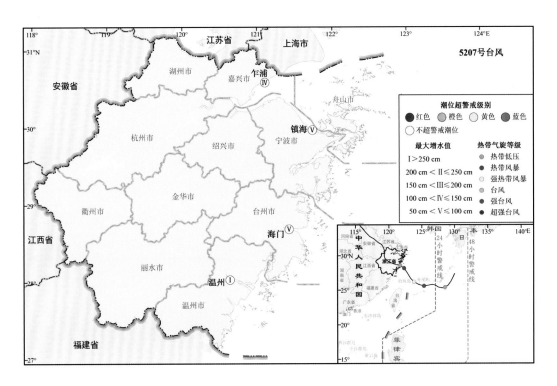

图3.194　5207号台风期间浙江沿海潮位站风暴潮超警戒等级与风暴增水等级

4）5310号台风风暴潮灾害

5310号台风（Nina）于1953年8月17日（农历七月初八）02时在浙江省乐清县沿海登陆，登陆时台风近中心最大风力15级（50 m/s），中心气压955 hPa，强度为强台风；登陆后穿过温州、丽水、金华、杭州等地区，于17日21时移出浙江省进入安徽省、山东省，于21日进入黄海。

台风影响期间，浙江省沿海有3个站的最大增水超过1.0 m，乍浦站增水最大，达1.76 m；沿海各站的最高潮位均未超过当地警戒潮位（图3.195）。

浙江省因灾死亡（含失踪）126人，除绍兴、湖州、嘉兴地区外，其他地区均遭受不同程度损失，共有$6.87 \times 10^4$ hm²农田受灾，0.7万间房屋倒塌。

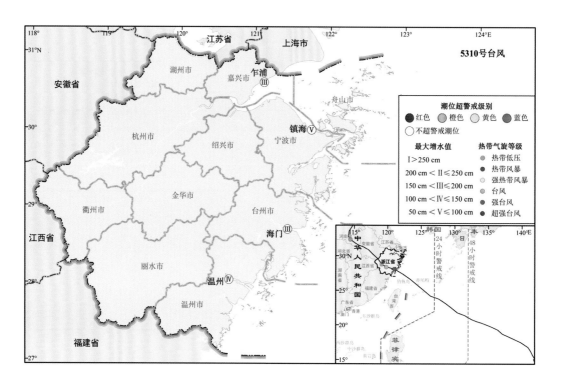

图3.195　5310号台风期间浙江沿海潮位站风暴潮超警戒等级与风暴增水等级

### 5) 5822号台风风暴潮灾害

5822号台风（Grace）于1958年9月4日（农历七月廿一）12—13时在福建省福鼎县沿海登陆，登陆时台风近中心最大风力14级（45 m/s），中心气压975 hPa，强度为强台风；登陆后向西北方向移动，之后折向东北行，穿过浙江温州、丽水、金华、绍兴、杭州、嘉兴等地区，5日晚移出浙江省进入上海市。

台风影响期间，浙江省沿海有3个站的最大增水超过1.0 m，温州站增水最大，达3.08 m；沿海各站的最高潮位均未超过当地警戒潮位（图3.196）。

浙江省因灾共死亡（含失踪）105人。温州、台州、宁波、舟山、嘉兴等地区遭受不同程度的灾害损失，共有1.09×10⁵hm²农田受灾，2.63万间房屋倒塌。

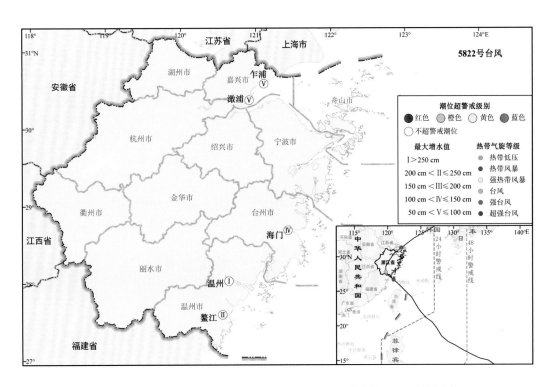

图3.196 5822号台风期间浙江沿海潮位站风暴潮超警戒等级与风暴增水等级

## 6）5901号台风风暴潮灾害

5901号台风（Billie）于1959年7月10日在关岛附近洋面生成，后向西北方向移动，擦过台湾北部沿海，7月16日（农历六月十一）09时在浙江平阳—福建福鼎沿海登陆，登陆时台风近中心最大风力12级（35 m/s），中心气压980 hPa，强度为台风；登陆后经过温州、绍兴、宁波等地区，穿过杭州湾于17日03时在上海市奉贤县再次登陆，登陆时台风近中心最大风力11级（30 m/s），中心气压988 hPa，强度为台风。

台风影响期间，浙江省沿海有2个站的最大增水超过1.0 m，温州站增水最大，达2.02 m；沿海各站的最高潮位均未超过当地警戒潮位（图3.197）。

浙江省因灾死亡（含失踪）25人。受灾农田面积1.53×10⁴ hm²；倒塌房屋0.35万间。

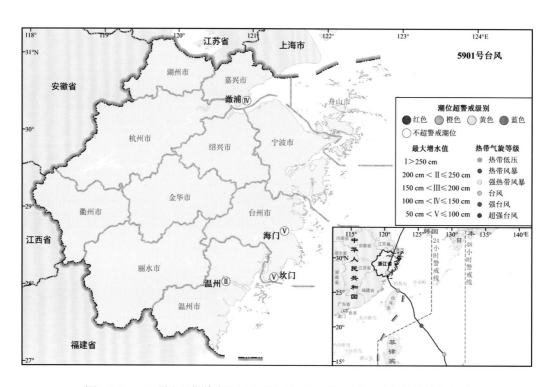

图3.197　5901号台风期间浙江沿海潮位站风暴潮超警戒等级与风暴增水等级

7）5904号台风风暴潮灾害

5904号台风（Joan）于1959年8月29日（农历七月廿六）21—22时在台湾省台东县沿海登陆，登陆时台风近中心最大风力17级以上（80 m/s），中心气压930 hPa，强度为超强台风；后向西北方向移动，于30日13—14时在福建省惠安县再次登陆，登陆时台风近中心最大风力12级（35 m/s），中心气压970 hPa，强度为台风，登陆后向西北方向移动，在福建省与江西省交界处附近消失。

台风影响期间，浙江省沿海的温州站最大增水超过1.0 m，为1.58 m；沿海各站的最高潮位均未超过当地警戒潮位（图3.198）。

浙江省因灾死亡（含失踪）24人。受灾农田面积2.15×10$^5$ hm$^2$；倒塌房屋700间。

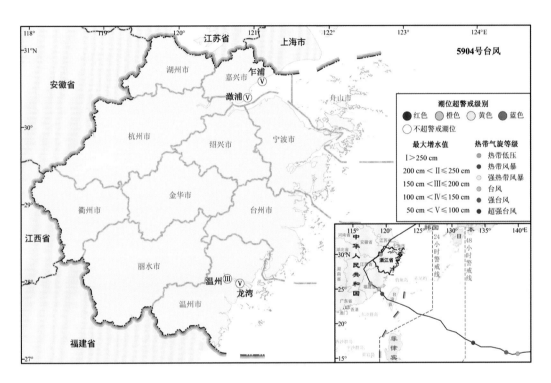

图3.198　5904号台风期间浙江沿海潮位站风暴潮超警戒等级与风暴增水等级

### 8）6007号台风风暴潮灾害

6007号台风（Shirley）于1960年7月31日（农历六月初八）21—22时在台湾省宜兰县沿海登陆，登陆时台风近中心最大风力17级（60 m/s），中心气压940 hPa，强度为超强台风；8月1日20时在福建省连江县再次登陆，登陆时台风近中心最大风力12级（33 m/s），中心气压980 hPa，强度为台风；登陆后向西北偏北方向移动，2日03时进入浙江省，经过丽水、衢州、杭州地区，3日02时转向东北方向移动，4日中午前后在江苏省燕尾港镇和射阳县之间出海，5日03—04时在山东省青岛市第三次登陆，登陆时台风近中心最大风力8级（20 m/s），中心气压993 hPa，强度为热带风暴。

台风影响期间，浙江省沿海有2个站的最大增水超过1.0 m，温州站增水最大，达1.93 m；沿海各站的最高潮位均未超过当地警戒潮位（图3.199）。

浙江省因灾死亡（含失踪）309人，直接经济损失186万元。浙江省温州龙湾10人死亡，2.0 km堤坝被毁坏，数百间房屋倒塌，233 m²农田被淹，数千灾民流离失所；平阳县3间民房被冲毁，200 hm²农田被淹没；苍南在建桥墩被冲毁，淹死299人，11 062间房屋毁坏，32 600户居民受灾，损失粮食$1.01 \times 10^5$ t，损失水库物资器材价值186万元。

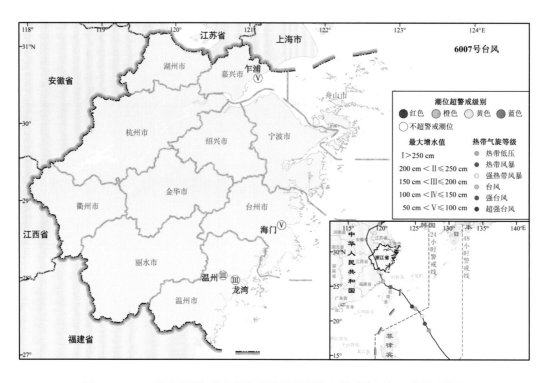

图3.199　6007号台风期间浙江沿海潮位站风暴潮超警戒等级与风暴增水等级

244

9）6104号台风风暴潮灾害

6104号台风（Betty）于1961年5月26日（农历四月十二）23—24时在台湾省台东县—花莲县一带沿海登陆，登陆时台风近中心最大风力13级（40 m/s），中心气压965 hPa，强度为台风；27日21—22时在浙江省乐清县沿海再次登陆，登陆时台风近中心最大风力7级（15 m/s），中心气压995 hPa，强度为热带低压。登陆后向偏北方向移动，经过浙江东部的温州、台州、宁波地区，28日05时左右进入杭州湾在海上北上。

台风影响期间，浙江省沿海各站的最大增水均未超过1.0 m；沿海各站的最高潮位均未超过当地警戒潮位（图3.200）。

浙江省因灾死亡（含失踪）7人。受灾农田面积4.73×10⁴ hm²；倒塌房屋200间。

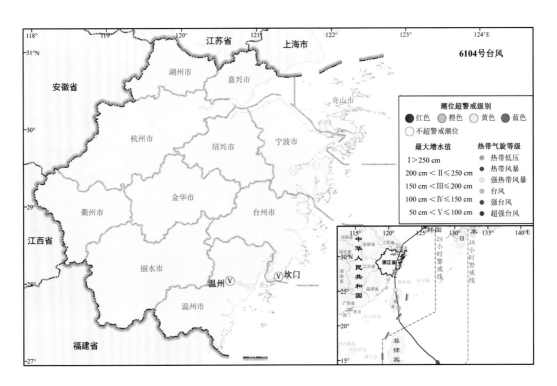

图3.200　6104号台风期间浙江沿海潮位站风暴潮超警戒等级与风暴增水等级

10）6205号台风风暴潮灾害

6205号台风（Kate）于1962年7月22日（农历六月廿一）15时在台湾省屏东县恒春镇沿海登陆，登陆时台风近中心最大风力12级（35 m/s），中心气压970 hPa，强度为台风；先向正北再转西北，于23日19—20时在福建省福鼎县沿海再次登陆，登陆时台风近中心最大风力10级（28 m/s），中心气压983 hPa，强度为强热带风暴。登陆后向西北方向移动，23日21时左右进入浙江省，经过温州、丽水、金华、杭州地区，在24日16时左右出浙江省进入安徽省。

台风影响期间，浙江省沿海的温州站最大增水超过1.0 m，为1.82 m；沿海各站的最高潮位均未超过当地警戒潮位（图3.201）。

浙江省因灾死亡（含失踪）8人。受灾农田面积$1.47 \times 10^4$ hm²；倒塌房屋450间。

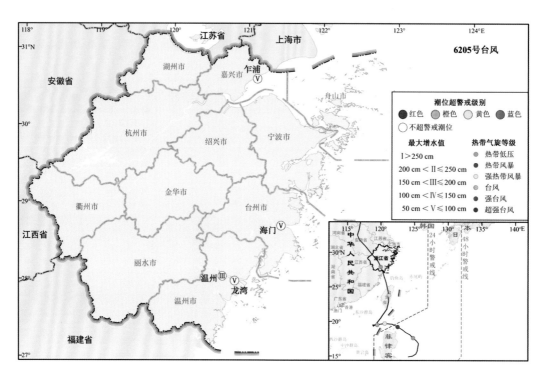

图3.201　6205号台风期间浙江沿海潮位站风暴潮超警戒等级与风暴增水等级

11) 6208号台风风暴潮灾害

　　6208号台风（Opal）于1962年8月5日（农历七月初六）20时在台湾省花莲县—宜兰县一带沿海登陆，登陆时台风近中心最大风力超17级以上（65 m/s），中心气压920 hPa，强度为超强台风；后向西北方向移动，于6日10时在福建省连江县再次登陆，登陆时台风近中心最大风力12级（33 m/s），中心气压970 hPa，强度为台风；登陆后西北偏北行，8日00—01时在山东省文登县第三次登陆，登陆时台风近中心最大风力9级（20 m/s），中心气压988 hPa，强度为热带风暴。

　　台风影响期间，浙江省沿海有5个站的最大增水超过1.0 m，温州站增水最大，达2.08 m；沿海各站的最高潮位均未超过当地警戒潮位（图3.202）。

　　浙江省因灾死亡（含失踪）30人。受灾农田面积6.53×10⁴ hm²；倒塌房屋0.32万间。

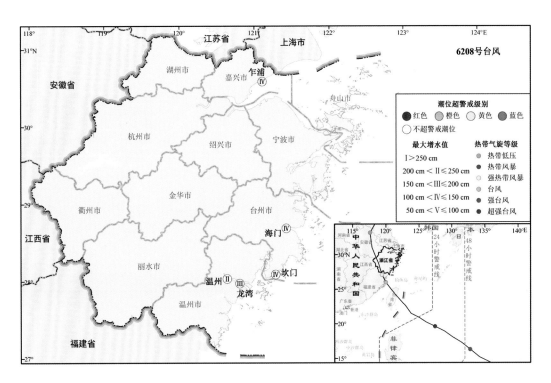

图3.202　6208号台风期间浙江沿海潮位站风暴潮超警戒等级与风暴增水等级

12）6312号台风风暴潮灾害

6312号台风（Gloria）于1963年9月12日（农历七月廿五）21时在福建省连江县登陆，登陆时近台风中心最大风力11级（30 m/s），中心气压982 hPa，强度为强热带风暴。

台风影响期间，浙江省有4个站的最大增水超过1.0 m，温州站增水最大，达2.37 m；沿海各站的最高潮位均未超过当地警戒潮位（图3.203）。

浙江省因灾死亡（含失踪）186人。受灾农田面积4.07×10$^5$ hm$^2$；倒塌房屋5.18万间。

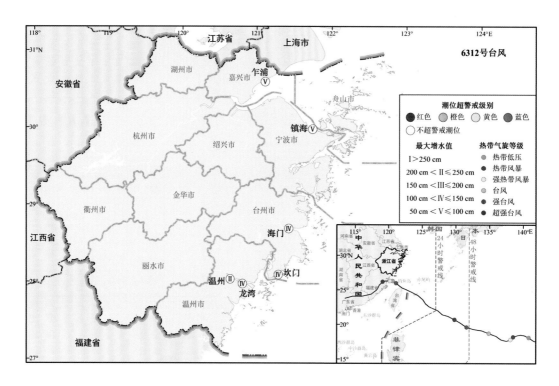

图3.203　6312号台风期间浙江沿海潮位站风暴潮超警戒等级与风暴增水等级

13）6513号台风风暴潮灾害

6513号台风（Mary）于1965年8月19日（农历七月廿三）02时在台湾省宜兰县登陆，登陆时台风近中心最大风力12级，中心气压960 hPa，强度为台风；20日（农历七月廿四）02时在福建省福清县再次登陆，登陆时台风近中心最大风力8级（20 m/s），中心气压992 hPa，强度为热带风暴。

台风影响期间，浙江省沿海的温州站最大增水超过1.0 m，为2.74 m；沿海各站的最高潮位均未超过当地警戒潮位（图3.204）。

浙江省因灾死亡（含失踪）74人。受灾农田面积$8.0 \times 10^4\,\mathrm{hm}^2$；倒塌房屋4.0万间。

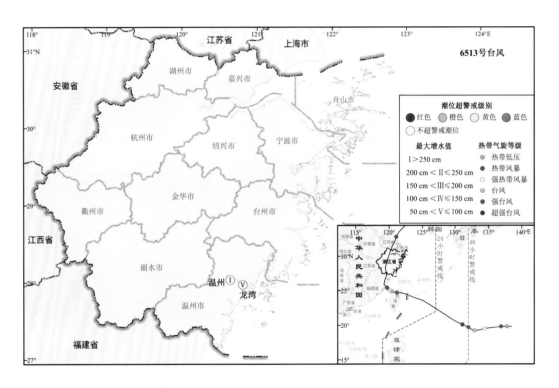

图3.204　6513号台风期间浙江沿海潮位站风暴潮超警戒等级与风暴增水等级

14）7207号台风风暴潮灾害

7207号台风（Winnie）于1972年8月2日（农历六月廿三）02时在浙江省平阳县沿海登陆，登陆时台风近中心最大风力11级（30 m/s），中心气压990 hPa，强度为强热带风暴。

台风影响期间，浙江省沿海有3个站的最大增水超过1.0 m，温州站增水最大，为2.2 m；沿海各站的最高潮位均未超过当地警戒潮位（图3.205）。

浙江省因灾死亡（含失踪）75人。受灾农田面积7.47×10⁴ hm²；倒塌房屋1.74万间。

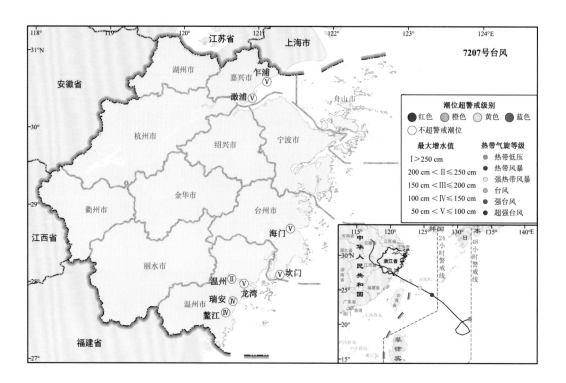

图3.205　7207号台风期间浙江沿海潮位站风暴潮超警戒等级与风暴增水等级

15）7410号台风风暴潮灾害

7410号台风（Jean）于1974年7月19日（农历六月初一）14—15时在台湾省宜兰县沿海登陆，登陆时台风近中心最大风力11级（30 m/s），中心气压995 hPa，强度为强热带风暴；20日02—03时在浙江省温岭县沿海再次登陆，登陆时台风近中心最大风力10级（25 m/s），中心气压995 hPa，强度为强热带风暴，继续北行一段时间后转向东北方向远离浙江省。

未收集到潮位资料。

未收集到浙江省沿海地区灾情资料。

16）7708号台风风暴潮灾害

7708号台风（Babe）于1977年9月11日（农历七月廿八）07时在上海崇明岛登陆，登陆时台风近中心最大风力10级（25 m/s），中心气压969 hPa，强度为强热带风暴。登陆后向西偏南方向移动，12日02时后在安徽省减弱为热带风暴。

台风影响期间，浙江省沿海的镇海站最大增水超过1.0 m，为1.16 m；沿海各站的最高潮位均未超过当地警戒潮位（图3.206）。

浙江省因灾死亡（含失踪）3人，25人受伤，直接经济损失230万元。舟山市$6 \times 10^3$ hm²农田受灾，损失粮食$2.1 \times 10^4$ t、原盐$3.435 \times 10^3$ t；海塘损毁2.9 km；952间民房、1座水库倒塌；305艘船只损坏。

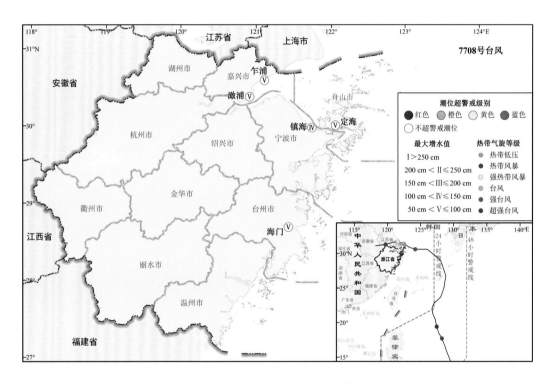

图3.206　7708号台风期间浙江沿海潮位站风暴潮超警戒等级与风暴增水等级

17）8108号台风风暴潮灾害

8108号台风于1981年7月23日（农历六月廿二）13时在浙江省温州市乐清县沿海登陆，登陆时台风近中心最大风力8级（20 m/s），中心气压993 hPa，强度为热带风暴。登陆后向西北方向移动，经过温州、台州、金华地区，在杭州桐庐县附近减弱为热带低压。

台风影响期间，浙江省沿海的鳌江站最大增水超过1.0 m，为1.57 m；沿海各站的最高潮位均未超过当地警戒潮位（图3.207）。

浙江省因灾死亡（含失踪）29人，伤79人。农田受淹面积$4.45 \times 10^4$ hm$^2$；倒塌房屋2 267间，损坏房屋2 000多间；冲垮山塘水库5座，小水电站4座，泵站15座，渠道11 km，堤防933处58 km，堰坝94处，桥梁91座，通信线路171 km；毁坏船只14只。

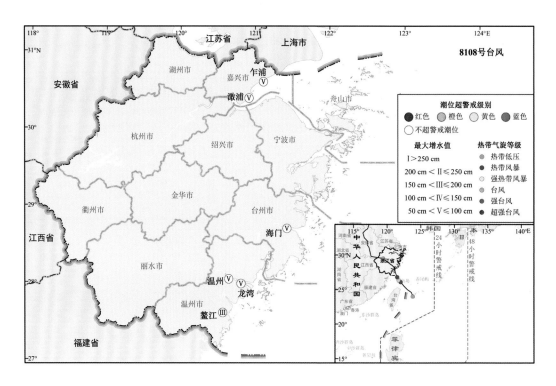

图3.207　8108号台风期间浙江沿海潮位站风暴潮超警戒等级与风暴增水等级

### 18）8209号台风风暴潮灾害

8209号台风（Andy）于1982年7月29日（农历六月初九）05时在台湾省台东县沿海登陆，登陆时台风近中心最大风力12级（35 m/s），中心气压953 hPa，强度为台风；后继续向西北方向移动，7月30日00时在福建省莆田县再次登陆，登陆时台风近中心最大风力8级（20 m/s），中心气压980 hPa，强度为热带风暴。

台风影响期间，浙江省沿海有2个站的最大增水超过1.0 m，鳌江站增水最大，达1.71 m；沿海各站的最高潮位均未超过当地警戒潮位（图3.208）。

浙江省因灾死亡（含失踪）41人。受灾农田面积$1.2 \times 10^5$ hm²；倒塌房屋0.3万间。

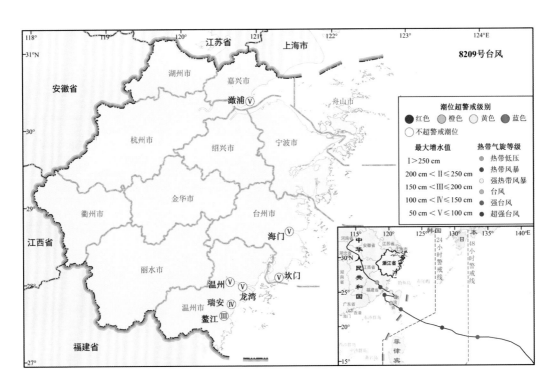

图3.208　8209号台风期间浙江沿海潮位站风暴潮超警戒等级与风暴增水等级

### 19）8403号台风风暴潮灾害

8403号台风（Alex）于1984年7月3日（农历六月初五）14时在台湾省新港乡沿海登陆，登陆时台风近中心最大风力11级（30 m/s），中心气压985 hPa，强度为强热带风暴。

未收集到潮位资料。

受其影响，浙江省死亡（含失踪）24人。

20）8407号台风风暴潮灾害

8407号台风（Freda）于1984年8月7日（农历七月十一）11时在台湾省宜兰县沿海登陆，登陆时台风近中心最大风力10级（25 m/s），中心气压985 hPa，强度为强热带风暴；后继续向西北移动，8日02时在福建省罗源县沿海再次登陆，登陆时台风近中心最大风力10级（25 m/s），中心气压988 hPa，强度为强热带风暴。

台风影响期间，浙江省沿海的鳌江站最大增水超过1.0 m，达1.48 m；沿海各站的最高潮位均未超过当地警戒潮位（图3.209）。

浙江省因灾死亡（含失踪）4人。受灾农田面积$2.0 \times 10^4 hm^2$；倒塌房屋150间。

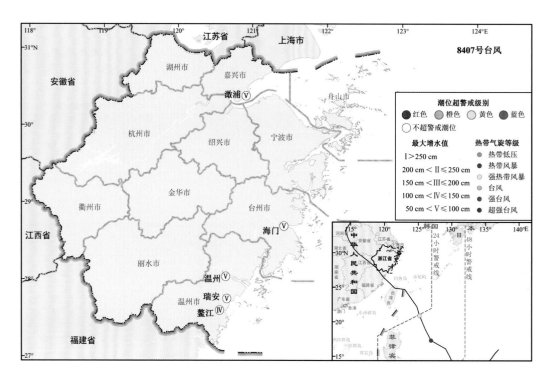

图3.209　8407号台风期间浙江沿海潮位站风暴潮超警戒等级与风暴增水等级

21）8510号台风风暴潮灾害

8510号台风（Nelson）于1985年8月23日（农历七月初八）21时在福建省长乐县沿海登陆，登陆时台风近中心最大风力14级（45 m/s），中心气压970 hPa，强度为强台风。

台风影响期间，浙江省沿海有4个站的最大增水超过1.0 m，温州站增水最大，达2.33 m；沿海各站的最高潮位均未超过当地警戒潮位（图3.210）。

浙江省因灾死亡（含失踪）18人。受灾农田面积$3.13 \times 10^4 hm^2$；倒塌房屋0.176万间。

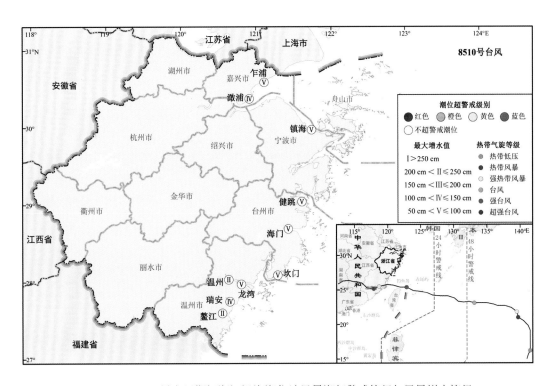

图3.210　8510号台风期间浙江沿海潮位站风暴潮超警戒等级与风暴增水等级

## 22）8707号台风风暴潮灾害

8707号台风（Alex）于1987年7月27日（农历闰六月初二）06—07时在台湾省宜兰县—台北市之间登陆，登陆时台风近中心最大风力12级（35 m/s），中心气压970 hPa，强度为台风；随后入台湾海峡北上，27日20—21时在浙江省瓯海县永强区再次登陆，登陆时台风近中心最大风力11级（30 m/s），中心气压978 hPa，强度为强热带风暴；29日14—15时在山东省荣成市石岛镇第三次登陆，登陆时台风近中心最大风力7级（15 m/s），中心气压992 hPa，强度为热带低压。

台风影响期间，浙江省沿海有3个站的最大增水超过1.0 m，温州站增水最大，为2.17 m；沿海各站的最高潮位均未超过当地警戒潮位（图3.211）。

浙江省因灾死亡（含失踪）116人，直接经济损失5.6亿元。受灾农田面积$3.35 \times 10^5$ hm²；倒塌房屋1.57万间；损坏堤防291 km。

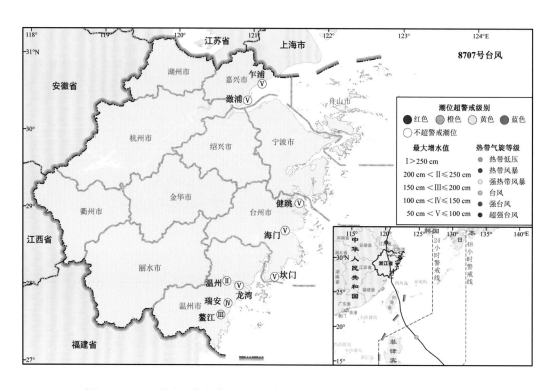

图3.211　8707号台风期间浙江沿海潮位站风暴潮超警戒等级与风暴增水等级

### 23）8807号台风风暴潮灾害

8807号台风（Bill）于1988年8月7日（农历六月廿五）23—24时在浙江省象山县林海乡前门涂登陆，登陆时台风近中心最大风力13级（37 m/s），中心气压970 hPa，强度为台风。

台风影响期间，浙江省沿海有2个站的最大增水超过1.0 m，澉浦站增水最大，为1.89 m；沿海各站的最高潮位均未超过当地警戒潮位（图3.212）。

浙江省因灾死亡（含失踪）162人，直接经济损失11.3亿元。洪涝面积$2.58 \times 10^5$ hm²；倒塌房屋5.39万间。

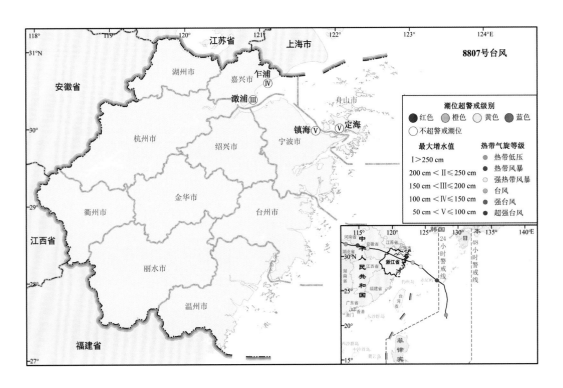

图3.212　8807号台风期间浙江沿海潮位站风暴潮超警戒等级与风暴增水等级

24）9015号台风风暴潮灾害

9015号台风（Abe）于1990年8月31日（农历七月十二）09—10时在浙江省椒江市沿海一带登陆，登陆时台风近中心最大风力12级（35 m/s），中心气压970 hPa，强度为台风。

台风影响期间，浙江省沿海有4个站的最大增水超过1.0 m，海门站增水最大，为1.96 m；沿海各站均未出现超过当地警戒潮位的高潮位（图3.213）。

浙江省因灾死亡（含失踪）89人，直接经济损失27.1亿元。全省除衢州地区外，均遭受不同程度灾害损失，洪涝面积$4.58 \times 10^5$ hm$^2$，其中成灾$2.24 \times 10^5$ hm$^2$，倒塌房屋4.33万间，损坏堤塘951 km。

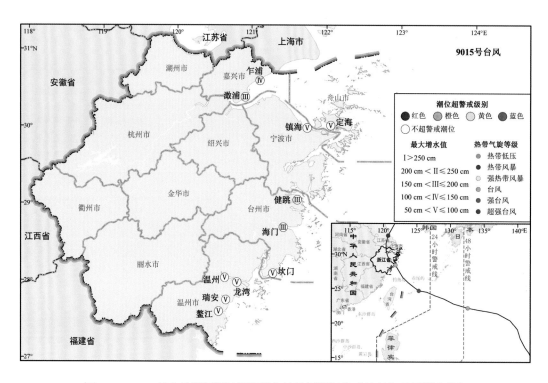

图3.213　9015号台风期间浙江沿海潮位站风暴潮超警戒等级与风暴增水等级

25）9219号台风风暴潮灾害

9219号台风（Ted）于1992年9月22日（农历八月廿六）12—13时在台湾省新港乡—花莲县一带沿海登陆，登陆时台风近中心最大风力12级（35 m/s），中心气压975 hPa，强度为台风；23日06—07时在浙江省平阳县南部沿海再次登陆，登陆时台风近中心最大风力11级（30 m/s），中心气压980 hPa，强度为强热带风暴。

台风影响期间，浙江省沿海有4个站的最大增水超过1.0 m，瑞安站增水最大，为1.36 m；沿海各站均未出现超过当地警戒潮位的高潮位（图3.214）。

浙江省因灾死亡（含失踪）53人，直接经济损失37.14亿元。全省64个县受灾，133.8万人受灾，受灾农田$5.05 \times 10^5$ hm²，成灾$2.35 \times 10^5$ hm²，倒塌房屋3.1万间，损坏堤塘932 km，5 907家企业停产或半停产。

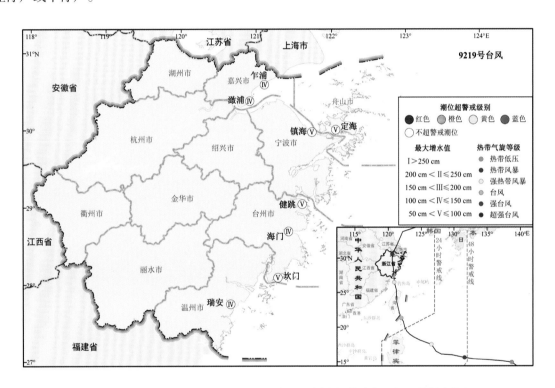

图3.214　9219号台风期间浙江沿海潮位站风暴潮超警戒等级与风暴增水等级

26）9507号台风风暴潮灾害

9507号台风（Janis）于1995年8月25日（农历七月三十）04—05时在浙江省温岭市登陆，登陆时台风近中心最大风力11级（30 m/s），中心气压980 hPa，强度为强热带风暴。登陆后向西北偏北方向移动，经天台县、宁海县、奉化市、余姚市、慈溪市，穿过杭州湾，经平湖市折向东北，25日19时左右出浙江省进入上海市。

未收集到潮位资料。

受其影响，浙江省台州市直接经济损失0.98亿元，5个县不同程度受灾，洪涝面积3.40 × 10$^4$ hm$^2$，倒塌房屋119间。

27）0004号台风风暴潮灾害

0004号台风"启德"（Kai-taK）于2000年7月9日（农历六月初八）10时在台湾省新港乡登陆，登陆时台风近中心最大风力11级（30 m/s），中心气压980 hPa，强度为强热带风暴；10日（农历六月初九）02—03时在浙江省玉环县再次登陆，登陆时台风近中心最大风力11级（30 m/s），中心气压980 hPa，强度为强热带风暴。

台风影响期间，浙江省沿海各站的最大增水均未超过1.0 m；沿海各站的最高潮位均未超过当地警戒潮位。

浙江省266万人不同程度受灾，直接经济损失6亿余元。受灾农田面积5.59 × 10$^3$ hm$^2$；倒塌房屋1 400间；损坏堤防142 km。

28）0008号台风风暴潮灾害

0008号台风"杰拉华"（Jelawat）于2000年8月10日（农历七月十一）19—20时在象山县爵溪镇登陆，登陆时台风近中心最大风速12级（35 m/s），中心气压975 hPa，强度为台风。

台风影响期间，浙江省沿海各站的最大增水均未超过1.0 m；沿海各站的最高潮位均未超过当地警戒潮位（图3.215）。

浙江省直接经济损失5.63亿元，其中水利工程直接经济损失1 090万元，未造成人员死亡。农作物受灾4.33×10³ hm²，房屋倒塌2 100间，外海网箱和海涂养殖业损失2.01×10⁴ t，损坏堤防63 km。

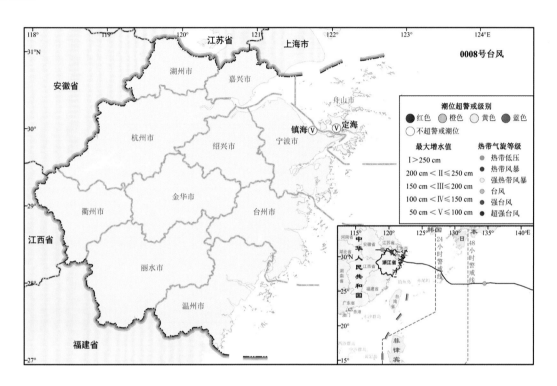

图3.215　0008号台风期间浙江沿海潮位站风暴潮超警戒等级与风暴增水等级

29）0311号台风风暴潮灾害

0311号台风"环高"（Vamco）于2003年8月20日（农历七月廿三）10时在浙江省平阳县沿海登陆，登陆时台风近中心最大风力9级（23 m/s），中心气压990 hPa，强度为热带风暴；登陆后继续向西北方向移动，强度减弱，20日17时在衢州柯城区境内减弱为热带低压，20时左右在开化县境内消亡。

未收集到潮位资料。

受其影响，浙江省直接经济损失0.85亿元，59个乡镇、50万人不同程度受灾，倒塌房屋900间，受淹农田面积7.73×10³ hm²，其中成灾4.47×10³ hm²，公路中断16条次，损坏堤防9 km。

**30）0418号台风风暴潮灾害**

0418号台风"艾利"（Aere）于2004年8月25日（农历七月初十）23时在福建省石狮市登陆，登陆时台风近中心最大风力12级（35 m/s），中心气压975 hPa，强度为台风。

台风影响期间，浙江省有2个站的最大增水超过1.0 m，温州站增水最大，为1.31 m；沿海各站的最高潮位均未超过当地警戒潮位（图3.216）。

浙江省直接经济损失9.10亿元，其中农业经济损失3.10亿元，工业经济损失2.78亿元，水利设施经济损失2.60亿元，未造成人员伤亡。全省14个县（市、区）323个乡镇226.97万人受灾，1 900间房屋倒塌；$5.81 \times 10^4$ hm²农作物受灾，其中成灾面积$2.85 \times 10^4$ hm²；损失水产养殖面积$1.01 \times 10^4$ hm²，损失水产品$3.87 \times 10^4$ t；死亡牲畜0.87万头；公路中断143条次，毁坏公路路基（面）484.5 km；损坏输电线路168.4 km，损坏通信线路74.1 km；损坏堤防1 383处，长181.6 km，堤防决口614处，长89.8 km；损坏水闸52座；损坏灌溉设施4 647处；损坏水文测站69个。全省安全转移人员38.35万人，3.21万艘船只回港避风。

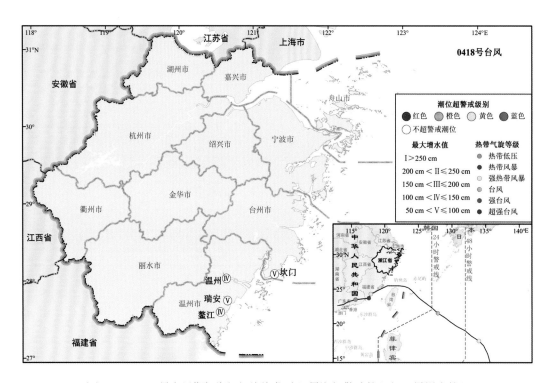

图3.216　0418号台风期间浙江沿海潮位站风暴潮超警戒等级与风暴增水等级

31）0421号台风风暴潮灾害

0421号台风"海马"（Haima）于2004年9月13日（农历七月廿九）12时在浙江省温州市沿海登陆，登陆时台风近中心最大风力8级（18 m/s），中心气压998 hPa，强度为热带风暴。

台风影响期间，浙江省沿海各站的最大增水均未超过1.0 m；沿海各站的最高潮位均未超过当地警戒潮位（图3.217）。

浙江省温州市、台州市、丽水市等地5.3万人受灾，潮水淹没农田$7.8 \times 10^3$ hm²，直接经济损失5 330万元，未造成人员伤亡。

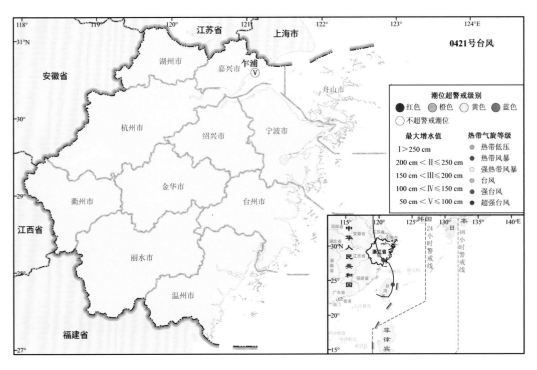

图3.217　0421号台风期间浙江沿海潮位站风暴潮超警戒等级与风暴增水等级

32）0513号台风风暴潮灾害

0513号台风"泰利"（Talim）于2005年9月1日（农历七月廿八）07时30分在台湾省花莲县沿海登陆，登陆时台风近中心最大风力14级（45 m/s），中心气压950 hPa，强度为强台风；后于1日14时30分在福建省莆田县沿海登陆，登陆时台风近中心最大风力12级（35 m/s），中心气压970 hPa，强度为台风；登陆后穿过福建省中北部，逐渐减弱为热带风暴，于9月2日05时进入江西省境内。

台风影响期间，浙江省沿海有3个站的最大增水超过1.0 m，温州站增水最大，为2.47 m；沿海各站的最高潮位均未超过当地警戒潮位（图3.218）。

浙江省直接经济损失0.36亿元。其中，海洋水产养殖受灾面积$5.2 \times 10^3$ hm$^2$，水产品损失$1.90 \times 10^3$ t；1 134处堤防损坏，长度117.4 km，239处堤防决口，长20.28 km；3间房屋倒塌；141艘船只损毁。

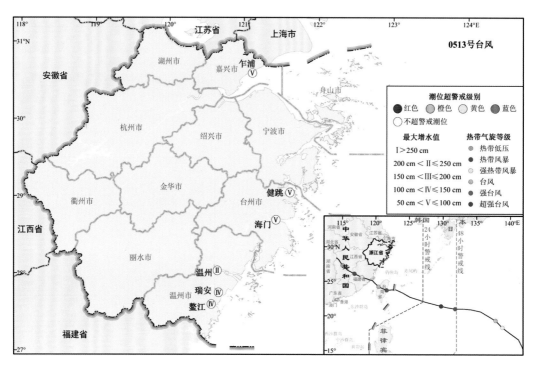

图3.218　0513号台风期间浙江沿海潮位站风暴潮超警戒等级与风暴增水等级

### 33）0709号台风风暴潮灾害

0709号台风"圣帕"（Sepat）于2007年8月18日（农历七月初六）05时40分在台湾省花莲县沿海登陆，登陆时台风近中心最大风力15级（50 m/s），中心气压940 hPa，强度为强台风；后于19日02时在福建省惠安县崇武镇沿海登陆，登陆时台风近中心最大风力12级（33 m/s），中心气压985 hPa，强度为台风；后向西北方向移动，强度逐渐减弱，20日进入江西省境内，并减弱为热带低压，23日下午进入贵州省，在贵州省境内维持了约18小时后消散。

台风影响期间，浙江省鳌江站的最大增水超过1.0m，为1.76 m；沿海各站的最高潮位均未超过当地警戒潮位（图3.219）。

浙江省直接经济损失0.69亿元。水产养殖受灾4.98×10³ hm²；防波堤受损887 m；码头损坏41座。

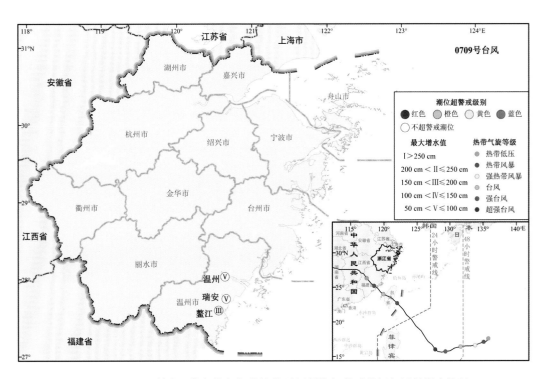

图3.219 0709号台风期间浙江沿海潮位站风暴潮超警戒等级与风暴增水等级

34）0713号台风风暴潮灾害

0713号台风"韦帕"（Wipha）于2007年9月19日（农历八月初九）02时30分在浙江省苍南县霞关镇沿海登陆，登陆时台风近中心最大风力14级（45 m/s），中心气压950 hPa，强度为强台风。

台风影响期间，浙江省沿海有5个站的最大增水超过1.0 m，鳌江站增水最大，为2.19 m；沿海各站的最高潮位均未超过当地警戒潮位（图3.220）。

浙江省直接经济损失7.79亿元。浙江省海洋水产养殖受灾面积2.41×10⁴ hm²；防波堤受损8 287 m，护岸受损1 599 m；码头损坏125座；沉没毁损船只929艘。

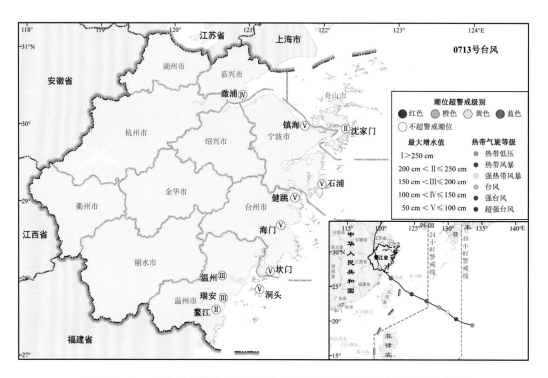

图3.220　0713号台风期间浙江沿海潮位站风暴潮超警戒等级与风暴增水等级

35）0716号台风风暴潮灾害

0716号台风"罗莎"（Krosa）于2007年10月6日（农历八月廿六）15时30分在台湾省宜兰县沿海登陆，登陆时台风近中心最大风力15级（50 m/s），中心气压940 hPa，强度为强台风；后于7日15时30分在浙江省苍南县和福建省福鼎市交界处一带登陆，登陆时台风近中心最大风力9级（23 m/s），中心气压990 hPa，强度为热带风暴。

台风影响期间，浙江省沿海有6个站的最大增水超过1.0 m，澉浦站增水最大，为1.96 m；沿海各站的最高潮位均未超过当地警戒潮位（图3.221）。

浙江省直接经济损失7.12亿元。水产养殖受灾3.96×10⁴ hm²；防波堤受损6.53 km，护岸受损1.18 km；码头毁坏68座；沉没毁损船只212艘。

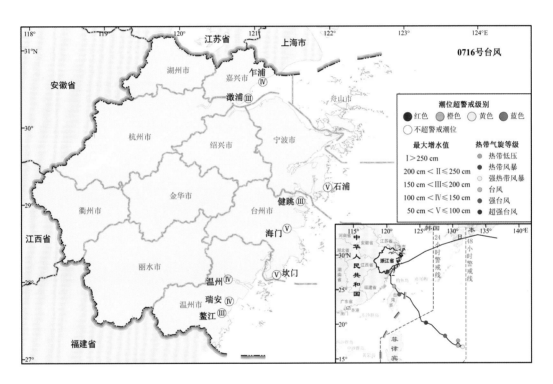

图3.221　0716号台风期间浙江沿海潮位站风暴潮超警戒等级与风暴增水等级

36）0808号台风风暴潮灾害

0808号台风"凤凰"（Fung-wong）于2008年7月28日（农历六月廿六）06时30分在台湾省花莲县沿海登陆，登陆时台风近中心最大风力14级（45 m/s），中心气压955 hPa，强度为强台风；后于22时在福建省福清市沿海登陆，登陆时台风近中心最大风力12级（33 m/s），中心气压975 hPa，强度为台风。

台风影响期间，浙江省沿海有3个站的最大增水超过1.0 m，鳌江站增水最大，为1.64 m；沿海各站的最高潮位均未超过当地警戒潮位（图3.222）。

浙江省直接经济损失0.64亿元，海洋水产品损失$3.23 \times 10^3$ t，36座码头受损。

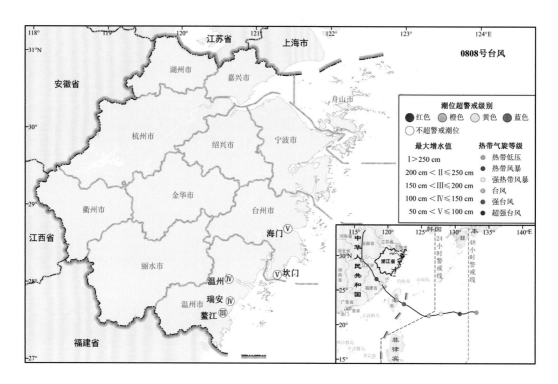

图3.222　0808号台风期间浙江沿海潮位站风暴潮超警戒等级与风暴增水等级

37）1109号台风风暴潮灾害

1109号台风"梅花"（Muifa）于2011年8月5日至7日沿海北上，7月31日02时台风近中心最大风力17级以上（65 m/s），中心气压915 hPa，强度为超强台风。

台风影响期间，浙江省沿海有5个站的最大增水超过1.0 m，澉浦站增水最大，为1.37 m；沿海各站的最高潮位均未超过当地警戒潮位（图3.223）。

浙江省直接经济损失1.92亿元。堤防损坏43处，共13.75 km；护岸损坏54处；水闸损坏11座；灌溉设施损坏32处；船只损毁5艘，受损143艘。

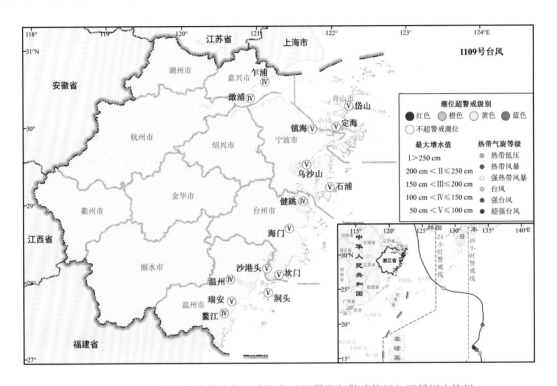

图3.223　1109号台风期间浙江沿海潮位站风暴潮超警戒等级与风暴增水等级

38）1307号台风风暴潮灾害

1307号台风"苏力"（Soulik）于2013年7月13日（农历六月初六）03时前后在台湾省新北市与宜兰县交界处沿海登陆，登陆时台风近中心最大风力14级（42 m/s），中心气压950 hPa，强度为强台风；后于13日16时在福建省连江县沿海再次登陆，登陆时台风近中心最大风力11级（30 m/s），中心气压980 hPa，强度为强热带风暴；登陆后向西北方向移动，强度迅速减弱，14日早晨在江西省境内减弱为热带低压，当日夜间消散。

台风影响期间，浙江省沿海有7个站的最大增水超过1.0 m，温州站增水最大，为1.47 m；沿海各站的最高潮位均未超过当地警戒潮位（图3.224）。

浙江省受灾人口22.37万人，转移人口8.98万人，直接经济损失0.38亿元，无人员伤亡。其中，水产养殖受灾面积381 hm²，产量损失208 t，直接经济损失0.31亿元；渔船沉没44艘，受损19艘，直接经济损失37万元；损毁码头120 m、防波堤435 m，损毁海堤、护岸235 m，直接经济损失600万元；其他经济损失51万元。

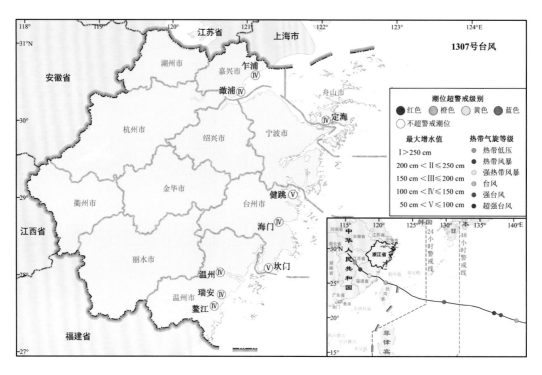

图3.224　1307号台风期间浙江沿海潮位站风暴潮超警戒等级与风暴增水等级

39）1513号台风风暴潮灾害

1513号台风"苏迪罗"（Soudelor）于2015年8月8日（农历六月廿四）04时40分在台湾省花莲县秀林乡沿海登陆，登陆时台风近中心最大风力15级（48 m/s），中心气压940 hPa，强度为强台风；8日22时10分在福建省莆田市秀屿区沿海再次登陆，登陆时台风近中心最大风力11级（30 m/s），中心气压980 hPa，强度为强热带风暴，并转向西北偏西方向移动。

台风影响期间，浙江省沿海有4个站的最大增水超过1.0 m，温州站、鳌江站增水最大，达1.23 m；由于恰逢天文小潮期，浙江省沿海各站均未出现超过当地警戒潮位的高潮位（图3.225）。

浙江省直接经济损失0.79亿元，未造成人员死亡。其中，水产养殖受灾面积$1.63 \times 10^3 \text{ hm}^2$，水产养殖损失产量$1.73 \times 10^3 \text{ t}$，养殖设施设备损失895个，直接经济损失0.52亿元；船只沉没34艘，损毁6艘，直接经济损失277万元；码头损毁7 m，防波堤损毁920 m，道路损毁200 m，直接经济损失1 473万元；其他经济损失940万元。

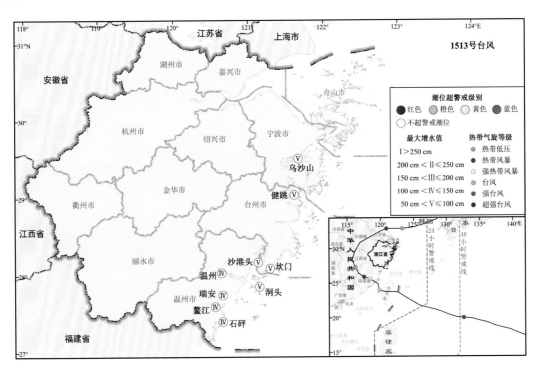

图3.225　1513号台风期间浙江沿海潮位站风暴潮超警戒等级与风暴增水等级

40) 1709号、1710号台风风暴潮灾害

1709号台风"纳沙"（Nesat）于2017年7月29日（农历六月初七）19时40分在台湾省宜兰县东部沿海登陆，登陆时台风近中心最大风力13级（40 m/s），中心气压960 hPa，强度为台风；之后西移，并进入台湾海峡，30日再次转向西北方向移动，30日06时在福建省福清市沿海再次登陆，登陆时台风近中心最大风力12级（33 m/s），中心气压975 hPa，强度为台风，而后深入内陆逐渐消亡。1710号台风"海棠"（Haitang）于2017年7月30日17时30分在台湾省屏东县沿海登陆，登陆时台风近中心最大风力9级（23 m/s），中心气压985 hPa，强度为热带风暴；登陆后转向西北方向移动，当晚进入台湾海峡，并转向西北方向移动，31日02时50分在福建省福清市沿海再次登陆，登陆时台风近中心最大风力8级（20 m/s），中心气压990 hPa，强度为热带风暴，登陆后继续向西北方向移动，并逐渐消亡。

双台风影响期间，浙江省沿海的瑞安站最大增水超过1.0 m，为1.03 m；沿海各站的最高潮位均未超过当地警戒潮位（图3.226）。

温州市直接经济损失652万元，未造成人员死亡；水产养殖受灾面积266.67 hm²，水产养殖产量损失580 t。

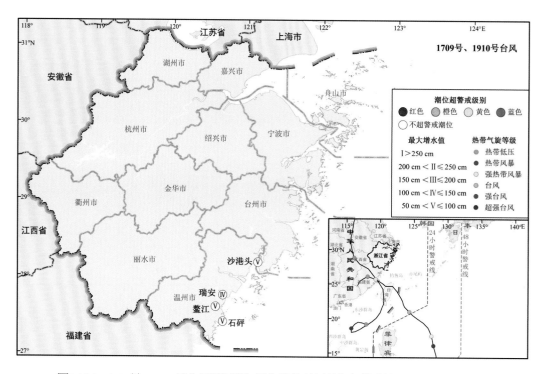

图3.226　1709号、1710号台风期间浙江沿海潮位站风暴潮超警戒等级与风暴增水等级

### 41）1810号台风风暴潮灾害

1810号台风"安比"（Ampil）于2018年7月22日（农历六月初十）12时30分前后在上海市崇明岛沿海登陆，登陆时中心附近最大风力10级（28 m/s），中心最低气压为982 hPa，强度为强热带风暴。

台风影响期间，浙江省沿海的澉浦站最大增水超过1.0 m，为1.06 m；沿海各站均未出现超过当地警戒潮位的高潮位（图3.227）。

舟山市直接经济损失0.89亿元，未造成人员死亡（含失踪）；水产养殖受灾面积460 hm²，水产养殖产量损失3 000 t，海堤、护岸损毁418 m。

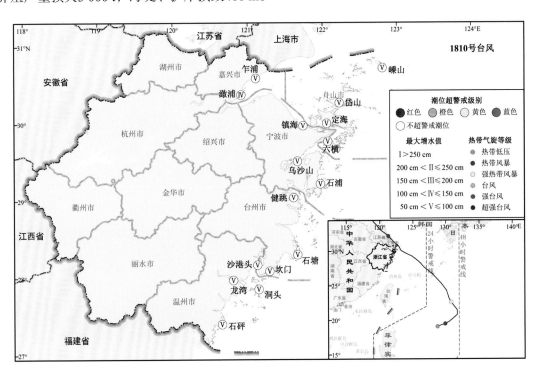

图3.227　1810号台风期间浙江沿海潮位站风暴潮超警戒等级与风暴增水等级

42）1812号台风风暴潮灾害

1812号台风"云雀"（Jongdari）于2018年8月3日（农历六月廿二）10时30分前后在上海市金山区沿海登陆，登陆时台风中心附近最大风力9级（23 m/s），中心最低气压为985 hPa，强度为热带风暴，而后深入内陆逐渐消亡。

台风影响期间，浙江省沿海的澉浦站最大增水超过1.0 m，为1.04 m；沿海各站均未出现超过当地警戒潮位的高潮位（图3.228）。

嘉兴市直接经济损失654.15万元，未造成人员死亡（含失踪）；水产养殖受灾面积86.80 hm²，水产养殖产量损失29.50 t。

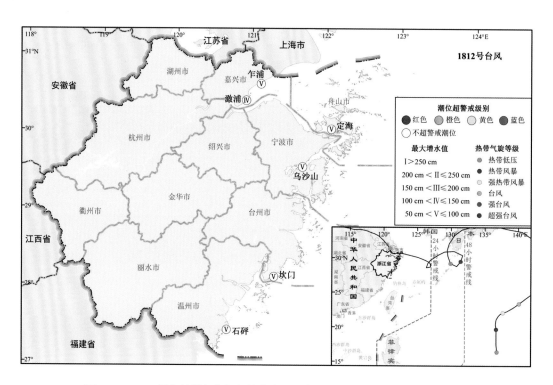

图3.228　1812号台风期间浙江沿海潮位站风暴潮超警戒等级与风暴增水等级

### 43）1818号台风风暴潮灾害

1818号台风"温比亚"（Rumbia）于2018年8月17日（农历七月初七）04时05分前后在上海市浦东新区南部沿海登陆，登陆时台风中心附近最大风力9级（23 m/s），中心最低气压为985 hPa，强度为热带风暴。

台风影响期间，浙江省沿海的澉浦站最大增水超过1.0 m，为1.60 m；沿海各站均未出现超过当地警戒潮位的高潮位（图3.229）。

舟山市直接经济损失0.23亿元，未造成人员死亡（含失踪）；水产养殖受灾面积333.33 hm²，水产养殖产量损失2 000 t，海堤、护岸损毁2 130 m。

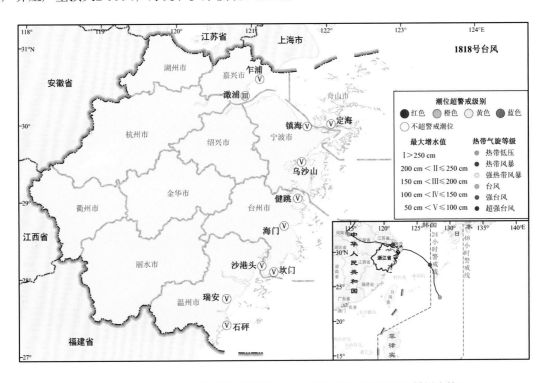

图3.229　1818号台风期间浙江沿海潮位站风暴潮超警戒等级与风暴增水等级

# 主要参考文献

国家气象局. 热带台风年鉴（1989—1992）. 北京：气象出版社.

国家气象局. 台风年鉴（1983—1988）. 北京：气象出版社.

陆建新, 2012. 浙江省主要海洋灾害及应对. 杭州：浙江科学技术出版社.

上海台风研究所, 1984. 西北太平洋台风基本资料集. 北京：气象出版社.

王喜年, 1993. 全球海洋的风暴潮灾害概况. 海洋预报, (1):30-36.

于福江, 董剑希, 叶琳, 2015. 中国风暴潮灾害史料集（1949—2009）. 北京：海洋出版社.

浙江省海洋监测预报中心. 浙江省海洋灾害公报（2011—2020）.

中国气象局. 热带气旋年鉴（1993—2018）. 北京：气象出版社.

中央气象局, 1972. 西北太平洋台风路径图.

中央气象局. 台风年鉴（1981—1982）. 北京：气象出版社.

朱业, 丁骏, 卢美, 等, 2012. 1949—2009年登陆和影响浙江的热带气旋分析. 海洋预报, 29(2): 8-13.